Chahul Emmanuel Sumaka
Peter I. Ater
Orefi Abu

Vergleichende Analyse des Einkommens von Kleinbauern, die Getreide und Hülsenfrüchte anbauen

Chahul Emmanuel Sumaka
Peter I. Ater
Orefi Abu

Vergleichende Analyse des Einkommens von Kleinbauern, die Getreide und Hülsenfrüchte anbauen

ScienciaScripts

Imprint

Cover image: www.ingimage.com

This book is a translation from the original published under ISBN 978-620-2-02925-4.

Publisher:
Sciencia Scripts
is a trademark of
Dodo Books Indian Ocean Ltd. and OmniScriptum S.R.L publishing group

120 High Road, East Finchley, London, N2 9ED, United Kingdom
Str. Armeneasca 28/1, office 1, Chisinau MD-2012, Republic of Moldova, Europe

ISBN: 978-620-8-20127-2

INHALTSVERZEICHNIS

DEDICATION

Diese Forschungsarbeit ist dem allmächtigen Gott und meiner Familie gewidmet: Joy Emmanuel, Mercy David, Saviour Emmanuel, Favour Emmanuel, Faith Emmanuel und Vincent Chahul.

QUITTUNG

Ich bin dem allmächtigen Gott zutiefst dankbar, dass er mich durch diese Arbeit und dieses Studium geführt hat, indem er mich mit gesunder Gesundheit, mit der Gnade der Reise und mit hilfsbereiten Menschen reichlich versorgt hat. Er war die ziehende und schiebende Kraft, die mich durch seine Gnade und Barmherzigkeit so weit gebracht hat.

Ich danke meinem einfallsreichen und sachkundigen Hauptbetreuer, Dr. P. I. Ater, für seine konstruktive Anleitung und seine lehrreichen Kommentare sowie für die großzügige Art und Weise, in der er mir den Raum und die Zeit gab, um meine Studie zu entwickeln. Ebenso schätze ich die Bemühungen meiner Co-Betreuerin, Dr. (Frau) Abu O., die auch als Leiterin der Abteilung Agrarwirtschaft fungiert, für ihre mütterliche und ordentliche Kritik, die unermesslich zum erfolgreichen Abschluss dieser Studie beigetragen hat.

Ich bin auch dem Dekan der Hochschule für Agrarwirtschaft und Extension, Dr. A. I. Age, zu großem Dank verpflichtet, der auf die eine oder andere Weise zum Erfolg dieser Arbeit beigetragen hat.

Ich bin Herrn O. R. Akande, Herrn E. A. Weye und Frau Mercy (P.G. Sch.) zu großem Dank verpflichtet für ihre unermüdliche Unterstützung bei der Durchführung des Kurses und der Forschungsarbeit.

Mein herzlicher Dank gilt meiner Familie, Frau Joy Emmanuel, Mercy David, Saviour Emmanuel, Favour Emmanuel, Faith Emmanuel, Vincent Chahul, Sumaka Williams, Dennis Chahul, Dr. Obioh G. für ihre Unterstützung in Form von Gebeten, Vertrauen und finanziellen Mitteln, um die Durchführung der Studie zu ermöglichen.

Schließlich danke ich meinen Freunden Djomo Raoul Fani, Oben Emmanuel, Berinyuy Bruno, Tamba Auguste, Zhenim John T., Okori M. Adah, Musah Theophilus, Danjuma Monday A., Barnabas Anvah J., Aondoffa Efforts, Abolarin Samuel, Nwalem Patrick und allen, die zum Erfolg dieser Studie beigetragen haben und deren Namen zu zahlreich sind, um erwähnt zu werden. Ich bin sehr dankbar, möge Gott, der Allmächtige, Sie alle segnen.

ABSTRACT

Es ist von größter Wichtigkeit, die Rentabilität als Grundlage für eine optimale Auswahl und Kombination von Betrieben zu ermitteln. Daher wurde diese Studie durchgeführt, um die Einkommen von Kleinbauern, die Getreide und Hülsenfrüchte in Nasarawa State, Nigeria, anbauen, zu analysieren und zu vergleichen. Es wurden gezielte, mehrstufige und geschichtete Stichprobenverfahren eingesetzt, um 174 Befragte für die Studie zu gewinnen. Mithilfe eines strukturierten Fragebogens wurden mit Hilfe von geschulten Auszählern relevante Informationen von den Befragten eingeholt. Die gesammelten Daten wurden mit Hilfe von deskriptiven und inferentiellen Statistiken ausgewertet. Die Ergebnisse zeigen, dass die Mehrheit der Landwirte männlich war (62,1%). Die Landwirte waren im aktiven Alter, mit einem Durchschnittsalter von 39 Jahren sowohl für Getreide als auch für Hülsenfrüchte. Der durchschnittliche Bruttogewinn pro Hektar betrug 72.676 N und 70.446 N für Getreide bzw. Hülsenfrüchte. Die Ergebnisse der multiplen linearen Regressionen zeigen, dass die Betriebsgröße, die Arbeitskräfte, das Saatgut, die Pestizide und die Düngemittel die Erträge der Landwirte mit F-Werten von 19,018 bzw. 29,017 für Getreide und Hülsenfrüchte signifikant beeinflusst haben. Die Ergebnisse des t-Tests zeigen, dass es keinen signifikanten Unterschied zwischen den Einkommen der Getreide- und Hülsenfruchtbauern auf dem 5-Prozent-Niveau der Wahrscheinlichkeit gibt. Das Alter, die Haushaltsgröße und der Ertrag der Getreidebauern bzw. das Alter und der Ertrag der Hülsenfruchtbauern waren die sozioökonomischen Faktoren, die das Einkommen der Befragten im Untersuchungsgebiet mit einer Wahrscheinlichkeit von 5 Prozent signifikant beeinflussten. Der F-Wert (1,17) ist auf dem 5-Prozent-Wahrscheinlichkeitsniveau signifikant für den signifikanten Unterschied im Einkommen zwischen den Gruppen. Auch der F-Wert (1,324) war nicht signifikant für den Einkommensunterschied innerhalb der Gruppe der Landwirte. Das Ergebnis des t-Tests für das Einkommen aus Getreide und Hülsenfrüchten zeigt, dass sich das Einkommen aus Getreide (119.087) nicht signifikant von dem aus Hülsenfrüchten (118.590) unterscheidet. Das Fehlen verbesserter Saatgutsorten, die Landbesitzverhältnisse und die hohen Kosten für Betriebsmittel waren die größten Hindernisse für die Landwirte im Untersuchungsgebiet. Es wird empfohlen, ein effektives System zur Bereitstellung von Betriebsmitteln, Erwachsenenbildung und Schulung der Landwirte zu schaffen, um ihre Kapazitäten zu erhöhen.

KAPITEL 1. EINLEITUNG

1.1 Hintergrund der Studie

Nigeria verfügt über ein reichhaltiges Produktionspotenzial an Getreide und Hülsenfrüchten zur Deckung der Inlandsnachfrage sowie über ein Potenzial für den Export in andere Länder (Babatunde, 2008). Es ist jedoch eine schwierige Aufgabe, das vorhandene Potenzial voll auszuschöpfen, um die bestehenden Lücken in der inländischen und ausländischen Nachfrage zu schließen. Der Anstieg des Verbrauchs von Getreide und Hülsenfrüchten in Nigeria ist auf das rasche Bevölkerungswachstum, die Stadtbewohner, deren Ernährungsgewohnheiten und das steigende Haushaltseinkommen zurückzuführen. Getreide und Hülsenfrüchte werden in Nigeria sowohl in städtischen als auch in ländlichen Gebieten regelmäßig konsumiert und sind wichtige Nahrungspflanzen. Sie sind jedoch in erster Linie eine Cash-Crop für Kleinbauern, die sie produzieren, um mehr Einkommen zu erzielen. Adedayo (1985) vertrat die Auffassung, dass das Einkommensniveau ländlicher Gemeinschaften auf bestimmte entscheidende Faktoren zurückzuführen ist und dass das Verständnis dieser Faktoren der Schlüssel zu einer wirksamen Politik der ländlichen Entwicklung sein kann. Dies führte zum Teil zu der Aussage von Adeyemi und Kupoluyi (2003), dass eine genauere Betrachtung der Determinanten des ländlichen Einkommens ein tieferes Verständnis der Faktoren ermöglicht, die niedrige Einkommenserträge und Armut in ländlichen Regionen erklären, wo diese Landwirte etwa 90 Prozent der Gesamtbevölkerung ausmachen (Olayemi, 2001; Olatona, 2007).

Die Mehrheit der landwirtschaftlichen Haushalte in Nigeria ist entweder vollständig von landwirtschaftlichen und nichtlandwirtschaftlichen Tätigkeiten abhängig, um zu überleben und ein Einkommen zu erzielen, oder sie sind von diesen Tätigkeiten abhängig, um ihre Haupteinkommensquellen zu ergänzen (Weltbank, 1993; Obike *et al.* 2011a). Daher sind Produktivitätsgewinne in der Landwirtschaft eine unabdingbare Voraussetzung für eine selbsttragende wirtschaftliche Entwicklung (Mafimisebi und Oluwatosin, 2004; Obike *et al.* 2011b). Die meisten bäuerlichen Haushalte, die das Rückgrat der nigerianischen Wirtschaft bilden, sind bäuerlich und in Bezug auf Ressourcen und Einkommen schlecht ausgestattet (Akinwumi, 1999;

Obike *et al.* 2011c), aber auf diese bäuerlichen Haushalte entfallen bis zu 95 Prozent oder mehr der für den Verzehr im Land produzierten Lebensmittel (Olayide, 1980; Weltbank, 1993; Olaitan, 2000; Obike *et al.* 2011d).

In der Literatur gibt es Belege dafür, dass die Beteiligung an nichtlandwirtschaftlichen Tätigkeiten günstige Bedingungen für die Armutsbekämpfung in ländlichen Gebieten und damit für die Ernährungssicherheit schafft (FAO, 1998). Ellis (2000) und Lanjouw (1999) nennen als Gründe für die beobachtete Einkommensdiversifizierung u.a. das sinkende landwirtschaftliche Einkommen und den Wunsch, sich gegen das landwirtschaftliche Produktionsrisiko abzusichern. Eine Reihe neuerer Studien in Nigeria, Okali *et al.* (2001), weist ebenfalls auf die Tatsache hin, dass das Einkommen aus der Beteiligung von Haushaltsmitgliedern an nichtlandwirtschaftlichen Tätigkeiten in Nigeria wie auch in anderen Teilen der Welt erheblich zum Wohlstand der landwirtschaftlichen Haushalte beiträgt. So berichteten Okali *et al.* (2001), dass bis zu 60 Prozent des Bareinkommens eines durchschnittlichen nigerianischen Bauernhaushalts aus außerlandwirtschaftlichen Tätigkeiten stammten, wobei durchschnittlich 36 Prozent der Arbeitsstunden von Erwachsenen für außerlandwirtschaftliche Tätigkeiten aufgewendet wurden.

Die anfängliche Einkommensverteilung der Landwirte ist die am besten quantifizierbare Determinante des ländlichen Lebensstandards, da sie der realistischste und zuverlässigste Faktor ist, da die Mehrheit der Menschen in den ländlichen Gebieten überwiegend Landwirte sind. Die Determinanten des Einkommens der Zielbevölkerung dienen daher als soziale Indikatoren für ihren Lebensstandard (Olawepo, 2010). Ater (2003) stellte fest, dass eine Produktivitätssteigerung für die nigerianischen Kleinbauern das A und O ist, wenn Entwicklung stattfinden und nachhaltig sein soll. Denn es ist allgemein anerkannt, dass Kleinbauern in ländlichen Gebieten arm sind, eine geringe Produktivität aufweisen und hauptsächlich von der Landwirtschaft abhängig sind. Jiandong (2002) hat gezeigt, dass eine Einkommensumverteilung die Effizienz auf aggregierter Ebene erheblich verbessern kann. Simhon und Fishman (2011) stellten fest, dass die Einkommensverteilung bestimmt, wie wettbewerbsfähig die Preise sind, und sich somit auf die Produktionseffizienz und die

Gesamtproduktion auswirkt.

Trotz der zunehmenden Bedeutung von landwirtschaftlichen und außerlandwirtschaftlichen Tätigkeiten ist nur sehr wenig darüber bekannt, welche Rolle sie bei den Einkommensstrategien von Getreide- und Hülsenfruchtbauern in Nigeria spielen. Daher ist es notwendig, die Faktoren zu vergleichen, die das Einkommen von Getreide- und Hülsenfruchtbauern beeinflussen.

1.2 Beschreibung des Problems:

Das schwache Wachstum des Agrarsektors führte zu den derzeitigen Nahrungsmittelkrisen im Land. Die Bevölkerungswachstumsrate übersteigt die Rate der Nahrungsmittelproduktion.

Die Wachstumsrate für Nahrungsmittel wird auf 2,5 % und die für die Bevölkerung auf 3,5 % geschätzt, so dass das Land derzeit ein Defizit von 1 % aufweist (CBN, 2003). Der Preis für Betriebsmittel wird häufig durch die internationalen Preise bestimmt, da Betriebsmittel wie Düngemittel sehr kapitalintensiv sind; daher können sich viele Kleinbauern teure moderne landwirtschaftliche Betriebsmittel einfach nicht leisten (www.ifad.org). Auch der Zugang zu Land ist ein Bereich, der sich der Kontrolle der Kleinbauern völlig entzieht. Sie brauchen einen sicheren Landbesitz, was für einige der ärmsten und marginalsten Bauern der Welt sehr unwahrscheinlich ist (www.ifpri.org). Ein weiteres Problem, mit dem Kleinbauern konfrontiert sind, wenn sie versuchen, ihre Produktivität zu steigern, ist der fehlende Zugang zu Krediten wie bei kommerziellen Landwirten, was ebenfalls zu einer schlechten Leistung in der Nahrungsmittelproduktion und einer Anfälligkeit in der Versorgungskette geführt hat. Ein weiterer kritischer Faktor, der die Kleinbauern beeinflusst, ist der Zugang zu den Märkten. In der Regel fehlt es ihnen an Lager- und Verarbeitungseinrichtungen. Und sie haben Schwierigkeiten, ihre Erzeugnisse unmittelbar nach der Ernte zu vertreiben und zu vermarkten (www.ifpri.org).

Mwabu und Torbecke (2001) argumentierten, dass Landwirte in ländlichen Gebieten ihren Lebensunterhalt in der einen oder anderen Form aus landwirtschaftlichen und außerlandwirtschaftlichen Tätigkeiten bestreiten und dass eine Steigerung der Rentabilität und des

Umfangs dieser Tätigkeiten die Lebensbedingungen in ländlichen Gebieten verbessern würde. Chirwa (2005) sowie Penda und Asogwa (2011) argumentierten, dass makroökonomische Maßnahmen, die das Einkommenswachstum fördern, wahrscheinlich zu einer Verringerung der Armut führen werden. Im Hinblick auf die Landwirtschaft beispielsweise bieten Preisänderungen Anreize für die landwirtschaftliche Produktion und Spezialisierung, was wiederum zu Wachstum und Einkommensverteilung durch die Schaffung von Arbeitsplätzen und die Steigerung der Einnahmen und damit zur Armutsbekämpfung führen kann. In ähnlicher Weise werden auf der Mikroebene Unternehmen, die das Einkommenswachstum und die Einkommensverteilung fördern und das Einkommen der armen Haushalte erhöhen, höchstwahrscheinlich zu einer Verringerung der Armut unter den armen Haushalten führen. So würde beispielsweise eine Verbesserung der Produktivität und des Ertrags der Landwirte zu einem Einkommenswachstum (bei ansonsten gleichen Bedingungen) und folglich zu einer Verringerung der Armut führen (Norman 1975; Ajibefun 2000 b; Ajibefun 2002; Ajibefun und Daramola 2003; Ater 2003, Penda und Asogwa, 2011).

Es wurden mehrere Studien über das Einkommen der Landwirte in Nigeria durchgeführt, wie z. B.: Babatunde (2008) analysierte die Einkommensungleichheit im ländlichen Nigeria: Erkenntnisse aus den Erhebungsdaten der landwirtschaftlichen Haushalte. Olawepo (2010) bewertete die Faktoren, die das Einkommen der Landwirte bestimmen: A rural Nigeria experience; Ibekwe (2010) untersuchte die Einkommensdeterminanten landwirtschaftlicher Haushalte in der Orlu Agricultural Zone of Imo State, Nigeria. Ibekwe *et al.* (2010) bewerteten die Determinanten des landwirtschaftlichen und außerlandwirtschaftlichen Einkommens von landwirtschaftlichen Haushalten im Südosten Nigerias. Penda und Asogwa (2011) analysierten die Beziehung zwischen Effizienz und Einkommen bei Landwirten in Nigeria. Obike *et al.* (2011) bewerteten die Determinanten des Einkommens armer landwirtschaftlicher Haushalte im National Directorate of Employment im Bundesstaat Abia, Nigeria. Adebayo *et al.* (2012) untersuchten die Determinanten der Einkommensdiversifizierung unter landwirtschaftlichen Haushalten im Bundesstaat Kaduna mithilfe des Tobit-Regressionsmodells. In keiner dieser Studien wurde jedoch das Einkommen von Kleinbauern, die

Getreide und Hülsenfrüchte anbauen, im Bundesstaat Nasarawa verglichen. Diese Forschung war notwendig, um die Beratung der Landwirte bei der Auswahl und Kombination von Betrieben zu rechtfertigen.

1.3 Forschungsfragen:

U nter den vorherrschenden Bedingungen der relativen Unternehmensgewinne stellte der Forscher die folgenden Fragen;

i) Welches sind die sozioökonomischen Merkmale der Kleinbauern, die im Untersuchungsgebiet Getreide und Hülsenfrüchte anbauen?

ii) Wie hoch ist die Rentabilität der kleinbäuerlichen Getreide- und Leguminosenproduzenten im Untersuchungsgebiet?

iii)Welche Auswirkungen hat der Einsatz von Betriebsmitteln auf die Produktion der Kleinbauern im Untersuchungsgebiet, die Getreide und Hülsenfrüchte anbauen?

iv)Welchen Einfluss haben sozioökonomische Variablen auf das betriebliche und außerbetriebliche Einkommen von Getreide- und Leguminosen-Kleinbauern im Untersuchungsgebiet?

v) Welchen Produktionsbeschränkungen sehen sich die Kleinbauern von Getreide und Hülsenfrüchten im Untersuchungsgebiet gegenüber?

1.4. Zielsetzung der Studie

Das allgemeine Ziel dieser Studie war der Vergleich der Einkommen von kleinbäuerlichen Getreide- und Hülsenfruchtbetrieben im nigerianischen Bundesstaat Nasarawa. Die spezifischen Ziele waren:

i) die sozioökonomischen Merkmale der Kleinbauern für Getreide und Hülsenfrüchte im Untersuchungsgebiet zu beschreiben;

ii) das Rentabilitätsniveau der Kleinbauern für Getreide und Hülsenfrüchte im Untersuchungsgebiet zu bewerten;

iii)die Auswirkungen des Einsatzes von Betriebsmitteln auf die Produktion von kleinbäuerlichen

Getreide- und Leguminosenbetrieben im Untersuchungsgebiet zu ermitteln;

iv)die Auswirkungen der sozioökonomischen Variablen auf das Einkommen von Kleinbauern, die Getreide und Hülsenfrüchte im Untersuchungsgebiet anbauen, abzuschätzen;

v) die Produktionszwänge zu untersuchen, mit denen die Kleinbauern im Untersuchungsgebiet beim Anbau von Getreide und Leguminosen konfrontiert sind.

1.5 Erklärung der Hypothesen

Auf der Grundlage der spezifischen Ziele wurden die folgenden Hypothesen getestet.

$H0_1$: Die sozioökonomischen Variablen haben keine signifikanten Auswirkungen auf das Einkommen der Kleinbauern von Getreide und Hülsenfrüchten im Untersuchungsgebiet.

$H0_2$: Es besteht kein signifikanter Zusammenhang zwischen dem Einsatz von Betriebsmitteln und der Produktion von Kleinbauern, die Getreide und Hülsenfrüchte im Untersuchungsgebiet anbauen.

$H0_3$: Es gibt keinen signifikanten Unterschied zwischen dem Einkommen von Getreide- und Hülsenfruchtbetrieben im Untersuchungsgebiet.

$H0_4$: Es gibt keinen signifikanten Unterschied zwischen den Einkommen innerhalb und zwischen den Getreide- und Hülsenfruchtbetrieben im Untersuchungsgebiet.

1.6 Bedeutung der Studie

In der Studie wurden die Einkommen von Getreide- und Hülsenfruchtbauern im Bundesstaat Nassarawa analysiert und verglichen. Das Ergebnis liefert ein ganzheitliches Bild der bestehenden Herausforderungen, Möglichkeiten und Einstiegspunkte in die Getreide- und Leguminosenproduktion. Darüber hinaus liefert diese Studie auch Informationen über Kosten und Erträge, die durch die beiden Anbauarten im Untersuchungsgebiet entstehen. Daher hat sie Aufschluss über die erforderlichen Anstrengungen zur Verbesserung der Produktion und des Vertriebs der Kulturen gegeben. Die gewonnenen Informationen könnten auch einer Reihe von Organisationen wie Forschungs- und Entwicklungsorganisationen, Landwirten, Politikern, Anbietern von Beratungsdiensten, Regierungs- und Nichtregierungsorganisationen dabei helfen, ihre Aktivitäten zu bewerten und ihre Arbeitsweise neu zu gestalten und letztlich Einfluss auf die Gestaltung und Umsetzung politischer Maßnahmen zu nehmen, die sich auf nachhaltige und effektive Systeme zur Versorgung mit Getreide und Hülsenfrüchten beziehen.

Die Rentabilitätsanalyse von Getreide und Hülsenfrüchten bietet die Möglichkeit, die Effizienz von Wertschöpfungsvorgängen/-dienstleistungen sowie die systemische Wettbewerbsfähigkeit entlang der Lieferkette zu bewerten, um die Produktion, den Handel und das Einkommenspotenzial der Landwirte und anderer Akteure zu steigern. Das Ergebnis einer Bewertung des Rentabilitätsniveaus ist auch für die Entwicklung der Agrarpolitik und die Ressourcenplanung von Bedeutung. Die Ergebnisse sind auch hilfreich, um die Faktoren zu bewerten, die einer Ausweitung der Wertschöpfungskette für diese Kulturen im Wege stehen, und um sich auf einige der politischen Aspekte zu konzentrieren, die solche Aktivitäten fördern können.

Die Ergebnisse der Studie sind nützlich, da sie innovative Optionen und institutionelle Regelungen aufzeigen, die Politikern und Gesetzgebern bei der Formulierung von Maßnahmen zur Entwicklung des ländlichen Raums als Anregung dienen können. Die Ergebnisse dieser Studie sind auch für Forscher und Studenten von Nutzen, da sie als Quelle von Sekundärdaten für ihre Forschungsarbeit dienen und Wege für weitere Forschung eröffnen. Außerdem werden sie den Kleinbauern helfen, sich auf den Anbau von Getreide oder Hülsenfrüchten zu konzentrieren, indem sie ihr Einkommen vergleichen und so ihren Lebensstandard verbessern. Dies wird wiederum zu einer Spezialisierung und Arbeitsteilung führen, was die Effizienz bei der Produktion der gewählten Kulturpflanze erhöht.

1.7 Umfang und Beschränkungen der Studie

Ziel dieser Studie war es, das Einkommen von kleinbäuerlichen Getreide- und Hülsenfruchtbetrieben in Nasarawa State, Nigeria, zu vergleichen. Die Studie wurde unter kleinbäuerlichen Getreide- und Hülsenfruchtbetrieben im nigerianischen Bundesstaat Nasarawa durchgeführt, die für den Verbrauch und für kommerzielle Zwecke produzieren.

Die Studie beschränkte sich auf zwei Getreidearten (Mais und Guinea-Mais) und zwei Hülsenfrüchte (Melone und Erdnüsse) in drei lokalen Regierungsbezirken. Dies ist vor allem auf die begrenzten Ressourcen zurückzuführen, die für die Durchführung der Studie in größerem Maßstab erforderlich sind. Daher spiegeln die Ergebnisse der Studie die Erfahrungen der Getreide- und Hülsenfruchtbauern im Untersuchungsgebiet wider, die von denen anderer Bundesstaaten abweichen können.

Viele der von den Akteuren gemachten Angaben beruhten auf Erinnerungen, da sie nur wenige oder gar keine Aufzeichnungen über ihre landwirtschaftlichen Tätigkeiten führten. Einige Landwirte waren auch nicht bereit, offen auf einige der Fragen zu antworten, und aufgrund von Erinnerungslücken fehlen bei einigen Fragen genaue Antworten.

Trotz dieser Einschränkungen wurden durch wiederholte Anrufe und beharrliche Befragungen kontinuierliche Anstrengungen unternommen, um genügend Informationen zu sammeln, die zur Erreichung der Ziele dieser Studie erforderlich sind.

1.8 Definition der Begriffe

i. **Einkommen** ist die Konsum- und Sparmöglichkeit, die ein Unternehmen innerhalb eines bestimmten Zeitraums erlangt, und wird im Allgemeinen in Geld ausgedrückt.

ii. **Getreidepflanzen** sind Körner, die zur Familie der Gräser gehören und in der Regel lange, dünne Stängel haben. Die Samen dieser Pflanzen, zu denen Weizen, Reis, Mais, Gerste, Roggen und Hafer, Mais und Guinea-Mais gehören, sind das Hauptnahrungsmittel der Menschen auf der ganzen Welt.

iii. **Leguminosen** sind blühende Pflanzen, die Samenkapseln produzieren. Sie haben verschiedene Ökosysteme besiedelt (von Regenwäldern über arktische/alpine Regionen bis hin zu Wüsten) und sind in den meisten archäologischen Aufzeichnungen von Pflanzen zu finden (Schrire *et al.* 2005). Dazu gehören Erdnüsse, Melonen und Sojabohnen.

iv. **Kleinbauern:** Dies sind Landwirte mit einer Betriebsgröße zwischen 1 und 2 Hektar.

v. **Rentabilität:** Ein Maß dafür, wie gut ein landwirtschaftliches Unternehmen die verfügbaren Ressourcen nutzt, um Einkommen und Gewinn zu erzielen.

vi. Produktivität: Ein Maß für die Leistung eines landwirtschaftlichen Betriebs, das angibt, ob ein Landwirt die beste verfügbare Technologie einsetzt, um mit einem gegebenen Input den maximalen Ertrag zu erzielen.

vii. Lineare Regression: Es handelt sich um einen Ansatz zur Modellierung der Beziehung zwischen einer skalaren abhängigen Variable, die mit Y bezeichnet wird, und einer oder mehreren erklärenden Variablen, die mit X bezeichnet werden.

viii. Bruttomarge: Dies ist die Differenz zwischen den Gesamteinnahmen und den gesamten variablen Kosten.

ix. Landwirtschaftliches Unternehmen: Eine Komponente eines landwirtschaftlichen Betriebs, die durch Mittelabfluss und -zufluss aus Gewinnmotiv gekennzeichnet ist.

KAPITEL 2. LITERATURÜBERSICHT

2.1 Einführung

Die für diese Studie relevanten Fragen wurden unter den folgenden Unterpunkten untersucht: **2.2.1:** Sozioökonomisches Profil der Landwirte, **2.2.2:** Rentabilität der Kleinbauern, **2.2.3:** Auswirkungen des Einsatzes von Betriebsmitteln auf die Produktion der Landwirte, **2.2.4:** Sozioökonomische Faktoren, die das Einkommen der Landwirte beeinflussen, **2.2.5:** Hemmnisse für die landwirtschaftliche Produktion, **2.3.1:** Theorie der Produktion, **2.3.2:** Theorie des Einkommens, **2.3.3:** Messung des Einkommens, **2.3.4:** Theorie und Konzept der Bruttomarge. **2.3.6:** Lineares Regressionsmodell **2.3.7:** Annahmen der linearen Regression,

2.2 Übersicht über verwandte Studien

2.2.1 Sozioökonomisches Profil, das das Einkommen der Landwirte beeinflusst

Der sozioökonomische Hintergrund und die Merkmale der Befragten spielen bei landwirtschaftlichen und außerlandwirtschaftlichen Tätigkeiten eine wichtige Rolle. Darüber hinaus wurden diese Merkmale als wichtige Indikatoren für den Vergleich zwischen verschiedenen Kategorien von Befragten verwendet (Parvin und Akteruzzaman, 2012). Sie fanden heraus, dass 80 % der Landwirte mittleren Alters (zwischen 15 und 49 Jahren) waren und über einen Grundschulabschluss verfügten (43,33 %). Die durchschnittliche Familiengröße in diesem Gebiet lag bei 6,07 und damit höher als der nationale Durchschnitt von 4,53 (HIES, 2010), und das Verhältnis zwischen Männern und Frauen betrug 1,18. Neben der Landwirtschaft waren Bootsfahrten (8,33 %), Geschäfte (6,67 %), Fischhandel (6,67 %) und nichtlandwirtschaftliche Arbeit (8,33 %) die wichtigsten Nebenbeschäftigungen der Landwirte. Etwa 63 % der Landwirte waren Kleinbauern, während der Anteil der Großbauern nur 3,33 % betrug. Die durchschnittliche Betriebsgröße pro Haushalt betrug 2,20 Hektar. Das landwirtschaftliche Einkommen der Befragten war mit 64,66 % des gesamten Haushaltseinkommens höher als das außerlandwirtschaftliche Einkommen, das nur 35,34 % des gesamten Haushaltseinkommens ausmachte. Parvin und Akteruzzaman (2012) schätzten Alter,

Betriebsgröße, Familiengröße und Bildungsniveau und fanden heraus, dass eine 10-prozentige Zunahme der Betriebsgröße und der Familiengröße zu einer 2,75-prozentigen bzw. 4,8-prozentigen Steigerung des Einkommens von Kleinbauern der Haor-Bewohner in Bangladesch führte. Maliwichi ***et al.*** (2014) berichteten, dass das Alter des Landwirts, die Betriebsgröße und die Anzahl der Jahre, in denen er Tomaten anbaut, das Einkommen des Landwirts in der Provinz Limpopo in Südafrika signifikant beeinflusst. Der Koeffizient für das Alter des Landwirts betrug - 0,399, was bedeutet, dass jedes zusätzliche Jahr im Alter eines Landwirts zu einem Rückgang der Bruttomarge um etwa 0,4 Einheiten führen würde, wenn alle anderen Faktoren konstant bleiben. Die Betriebsgröße und die Anzahl der Jahre an Erfahrung im Tomatenanbau waren signifikant und positiv, was bedeutet, dass die Bruttomarge umso größer ist, je größer der Betrieb ist oder je mehr Jahre er bereits Tomaten anbaut. Dies war aufgrund der Theorie der Größenvorteile zu erwarten, d. h. die Kosten pro Einheit sind in großen Betrieben immer niedriger. Es wurde auch festgestellt, dass die Anzahl der Betriebsjahre signifikant mit der Bruttomarge korreliert, wenn man andere Faktoren konstant hält, d. h. ein Anstieg der Anzahl der Betriebsjahre führt zu einem entsprechenden Anstieg der Bruttomarge um 0,524.

2.2.2 Rentabilität von Kleinbauern

Odoemenem und Inakwu (2011) stellten fest, dass ein durchschnittlicher Reisbauer im nigerianischen Bundesstaat Cross River eine Bruttomarge von 91.338,26 Naira erzielte. Owor (2011) fand heraus, dass die Analyse der Bruttomarge von Sojabohnenbauern im Bundesstaat Benue, Nigeria, 42.352 Naira pro Hektar betrug. Ani (2010) berichtete, dass die Rentabilität des Anbaus von Nahrungsleguminosen im Bundesstaat Benue, Nigeria, 18.959 Naira pro Hektar betrug. Bimeet ***al.*** (2014) ermittelten in ihrer Studie über die Rentabilität und die Vermarktungswege von Reis im Menchum River Valley in der Nordwestregion Kameruns eine Bruttomarge von 134484,9 fcfa/ha. Djomo (2014) stellte fest, dass kleine Reisbauern in der Region Westkamerun im Durchschnitt 67000 cfa pro Hektar erzielten. Maliwichi ***et al.*** (2014) berichteten, dass die Bruttomargen von Tomatenbauern in der südafrikanischen Provinz Linpopo zwischen R90 und R8625 liegen.

2.2.3 Auswirkungen des Einsatzes von Betriebsmitteln auf die Produktion von Kleinbauern

Odoemenem und Inakwu (2011) berichteten, dass die Reisproduktion auf Düngemittel, Pestizidkosten, Betriebsgröße, Reissaatgut, Pestizideinsatz und Reissorte regressiert wurde. Die geschätzten Koeffizienten für alle verwendeten Variablen waren unbedeutend, mit Ausnahme des Pestizideinsatzes und der Reissorte auf dem 5-Prozent-Wahrscheinlichkeitsniveau. Ahmadu und Erhabor (2012) berichteten, dass die Betriebsgröße, die Familienarbeitskräfte und die angeheuerten Arbeitskräfte, das Reissaatgut, der Dünger und das Herbizid mit einer Wahrscheinlichkeit von 1 und 5 Prozent einen signifikanten Einfluss auf die Reisproduktion hatten. Alle Inputs mit Ausnahme von Dünger wirkten sich positiv auf die Produktion aus, was den a priori Erwartungen entsprach. Umeh und Ataborh (2011) berichteten ebenfalls, dass Land, Arbeit, Dünger und Saatgut mit einer Wahrscheinlichkeit von 1 Prozent signifikant waren.

2.2.4 Sozioökonomische Faktoren, die das Einkommen der Landwirte beeinflussen

Parvin und Akteruzzaman (2012) schätzten Alter, Betriebsgröße, Familiengröße und Bildungsniveau und fanden heraus, dass eine 10-prozentige Zunahme der Betriebsgröße und der Familiengröße zu einer 2,75-prozentigen bzw. 4,8-prozentigen Steigerung des Einkommens von Kleinbauern in *der* Haor-Region in Bangladesch führt. Maliwichi ***et al.*** (2014) berichteten, dass das Alter des Landwirts, die Betriebsgröße und die Anzahl der Jahre, in denen er Tomaten anbaut, das Einkommen des Landwirts in der Provinz Limpopo in Südafrika signifikant beeinflussen. Der Koeffizient für das Alter des Landwirts betrug - 0,399, was bedeutet, dass jedes zusätzliche Jahr im Alter eines Landwirts zu einem Rückgang der Bruttomarge um etwa 0,4 Einheiten führen würde, wenn alle anderen Faktoren konstant bleiben. Die Betriebsgröße und die Anzahl der Jahre an Erfahrung im Tomatenanbau waren signifikant und positiv, was bedeutet, dass die Bruttomarge umso höher ist, je größer der Betrieb ist oder je mehr Jahre er bereits Tomaten anbaut. Dies entspricht den Erwartungen der Theorie der Größenvorteile, die besagt, dass die Betriebskosten pro Einheit in großen Betrieben immer niedriger sind. Es wurde auch festgestellt, dass die Anzahl der Betriebsjahre signifikant mit der Bruttomarge korreliert, wenn andere Faktoren konstant gehalten werden, so dass eine Erhöhung der Anzahl der

Betriebsjahre die Bruttomarge um 0,524 erhöht.

2.2.5 Hemmnisse für die landwirtschaftliche Erzeugung

Maliwichi *et al.* (2014) nannten Schädlinge und Krankheiten (85 %), Wassermangel (75 %), fehlende Betriebsmittel (40 %), fehlende Geldmittel (15 %), Transport (30 %), einen zuverlässigen Markt (35 %), Mechanisierung (100 %), fehlende Marketinginformationen (75 %) und die Entfernung zum Markt (75 %) als Hemmnisse, mit denen die Tomatenbauern in der südafrikanischen Provinz Limpopo konfrontiert sind.

Piebeb (2008) erklärte, dass falsche Prioritäten, inkonsistente politische Maßnahmen, schwache institutionelle Rahmenbedingungen, schlechte Vermarktungssysteme, inkonsistente landwirtschaftliche Inputs, sich verschlechternde Bewässerungsstrukturen, ungeeignete Technologien für die Produktion, geschlechtsspezifische Unterschiede und Ungleichheit, Umwelteinflüsse, das Fehlen ausreichender Mengen verbesserten Reissaatguts, der geringe Zugang zu Krediten, die schwache Unterstützung der Forschung und die unzureichende Ausbildung der Landwirte die größten Hindernisse für die Reiserzeugung in Kamerun darstellen. Odoemenem und Inakwu (2011) stellten fest, dass die wichtigsten Hindernisse für die Reiserzeugung, mit denen die Landwirte im nigerianischen Bundesstaat Cross River konfrontiert sind, unter anderem unzureichendes Kapital (82,5 Prozent), hohe Arbeitskosten (67,5 Prozent), unzureichende Versorgung mit Betriebsmitteln (64,2 Prozent), Landbesitzverhältnisse (63,3 Prozent) und hohe Kosten für Düngemittel (78,3 Prozent) sind.

Die lange Geschichte der Domestizierung und des Anbaus von Reis hat zum Auftreten und zur Entwicklung einer großen Anzahl verschiedener Insekten auf diesem wichtigen Grundnahrungsmittel geführt. In Westafrika wurden über 330 Insektenarten auf Reis *(Oryza Sativa)* nachgewiesen. In China sind es über 200 und in Südostasien 100. Weitere Faktoren, die laut Abu (2007) für den Rückgang der landwirtschaftlichen Produktion verantwortlich sind, sind die geringe Produktivität der Betriebsmittel, die hohen Produktionskosten, eine uneinheitliche Regierungspolitik und ungünstige klimatische Bedingungen. Raymond (2004) stellte fest, dass alle Formen der Landwirtschaft bedroht sind, wenn sich bei Pflanzenschädlingen Resistenzen entwickeln. Die vorherrschenden Landbesitzverhältnisse sind ein weiterer Faktor, der in Verbindung mit dem Bevölkerungswachstum die Nahrungsmittelproduktion behindert, insbesondere weil Frauen und arme Landwirte dadurch benachteiligt werden. Frauen sind die Erzeugerinnen von Nahrungsmitteln, können aber nach den traditionellen Gepflogenheiten kein Land besitzen. Außerdem beträgt die durchschnittliche Betriebsgröße weniger als 1 Hektar pro Familie. Die geringe Größe dieser Betriebe macht es schwierig, die Familie das ganze Jahr über zu ernähren (www.waltersmunde.tripod.com). Es gibt viele Hindernisse für eine rasche Umstellung der Landwirtschaft: die Unnachgiebigkeit der Landwirte selbst, der Mangel an Investitionen in ländlichen Gebieten, der begrenzte Zugang zu Wasser, die Verschlechterung der Umwelt, der Druck ausländischer Finanzinstitute, die Wirtschaftspolitik zu beschleunigen (www.waltersmunde.tripod.com). Ein weiteres Hindernis ist die Tatsache, dass Reis eine Kulturpflanze ist, die durch viele verschiedene Schädlinge geschädigt wird. Wie kürzlich festgestellt wurde, kann der tatsächliche Schaden bis zu 51 Prozent und der potenzielle Schaden bis zu 83 Prozent des Reisertrags betragen (Sharma *et al.* 2001). Nach Singh und Moya (1997) sind Krankheiten und Schädlinge wichtige natürliche Faktoren, die die Reiserzeugung einschränken und in schweren Fällen bis zu 100 Prozent der Ernteverluste verursachen können. Es gibt noch weitere Hindernisse für eine nachhaltige Reiserzeugung in Nigeria, darunter: Niedrige Temperaturen in der Nebensaison in bewässerten Gebieten, schlechte Vermarktungssysteme, sich verschlechternde Bewässerungsinfrastrukturen, in letzter Zeit mangelnde Versorgung mit Betriebsmitteln und Krediten aufgrund der Umstrukturierung des öffentlichen Sektors, schwache Forschungsförderung (www.waltersmunde.tripod.com)

2.2.6 Erzeugung von Körnerleguminosen in Nigeria

G Regenhülsenfrüchte gehören zu den wichtigsten Nahrungs- und Industriepflanzen des Landes. Die wichtigsten Leguminosen, die in Nigeria angebaut werden, sind: Erdnuss, Melone, Sojabohne, Kuhbohne (Bohnen). Sie nehmen einen großen Teil der Anbaufläche ein und werden unter einer Vielzahl von agro-ökologischen Bedingungen angebaut, wobei die Verteilung je nach der spezifischen Ökologie innerhalb der einzelnen Zonen variiert. In den Zonen Nord-Ost, Nord-West und Nord-Zentral sowie in den sub-humiden und semiariden Regionen werden sie in großem Umfang angebaut (Raymond, 2004).

T ie Produktionsdaten der in Nigeria erzeugten Körnerleguminosen für den Zeitraum 1970 bis 2007 zeigen, dass ab den späten 1980er Jahren bei einigen Kulturen ein deutlicher Produktionsanstieg zu verzeichnen war, wobei es jedoch zu abrupten und großen Produktionsverschiebungen kam, die sich durch umfangreiche Forschungsarbeiten zur Sortenverbesserung durch die Internationale Agrarforschung (IAR), das Internationale Institut für tropische Landwirtschaft (IITA) und das Nationale Getreideforschungsinstitut (NCRI) sowie durch das allgemeine Bewusstsein der Landwirte für die Notwendigkeit einer gesteigerten Nahrungsmittelproduktion infolge von Kampagnenprogrammen wie der Grünen Revolution und anderen erklären lassen.

W ie die Erdnussproduktion war in den frühen 1970er Jahren (19701974) mit durchschnittlich 1,43 Tonnen sehr hoch, fiel dann 1975 auf 0,44 MMT und blieb niedrig, bis sie 1988 sprunghaft auf 1,01 MMT anstieg und seither mit durchschnittlich 1,98 MMT/Jahr stetig zunimmt. Die Erzeugung von Kuhbohne zeigte von 1970 bis 1984 einen uneinheitlichen Trend. Sie stieg bis auf 1,09 MMT im Jahr 1974 an und sank bis auf 0,40 MMT im Jahr 1972 und 1 977. Danach stieg die Produktion von 0,88 MMT im Jahr 1988 auf 1,23 MMT im Jahr 1989 und nahm von da an weiter zu, bis sie im Jahr 2007 ein Produktionsniveau von 4,98 MMT erreichte. Der Produktionsanstieg bei Cowpea zwischen 1988 und 2007 könnte auf die Entwicklung und Freigabe zahlreicher ertragreicher, gegen Schädlinge und Krankheiten resistenter verbesserter Sorten in den 1980er Jahren durch Forschungsinstitute zurückzuführen sein. Ähnlich wie bei der Kuhbohne war auch die Produktion von Sojabohnen konstant. Sie stieg stetig von 0,05 MMT im Jahr 1970 auf 0,08 MMT im Jahr 1982, sank aber 1983 auf 0,04 MMT. Ab 1984 stieg die Produktion dann wieder stetig an und erreichte 1989 0,30 MMT, um dann von 1990 bis 1995 zu sinken. Zwischen 1996 und 2007 war wieder ein Aufwärtstrend in der Produktion zu verzeichnen. Die hohe Nachfrage nach Sojabohnen für Tierfutter und andere industrielle Zwecke sowie die hohen Preise haben möglicherweise zu einer Ausweitung der

Anbauflächen geführt, was wiederum eine Steigerung der Produktion zur Folge hatte (IITA, 2007).

2.2.7 Nigerias Getreidepotenzial

Der nigerianische Getreideanbau weist die gleichen allgemeinen Merkmale auf wie die Wirtschaft des Landes - die eines Riesen auf tönernen Füßen. Während die Produktion in den letzten fünfundzwanzig Jahren erheblich gestiegen ist, hat sich auch die Nachfrage erhöht, was die Abhängigkeit der Föderation von ausländischen Getreideprodukten verstärkt und sie anfällig für interne und externe Schocks macht (Owor, 2011).

Wie in fast allen westafrikanischen Ländern ist der Anstieg der Getreideproduktion eher auf eine Vergrößerung der Anbauflächen als auf eine wesentliche Verbesserung der Erträge zurückzuführen. Nach den Statistiken der nigerianischen Zentralbank hat die Getreideanbaufläche zwischen 1990 und 2000 um 5 % zugenommen, während die Durchschnittserträge um 3 % gestiegen sind. Das Ertragsniveau wird durch Knollen- und Wurzelgemüse nach oben gezogen, aber die Situation bei Getreide ist sehr unterschiedlich. Die Erträge von Hirse und Sorghum, die 50 % des Produktionsvolumens ausmachen, stagnierten entweder (im Fall von Sorghum) oder stiegen nur sehr langsam an, so dass die Durchschnittserträge für diese beiden Getreidearten im Zeitraum 2000-2006 bei etwa 1.000 kg/ha lagen. Die Produktion dieser beiden Getreidesorten stieg zwischen 1980 und 2008 um den Faktor 3,8 bzw. 3,4 (IITA, 2011).

Piebeb (2008) stellte fest, dass sich Reis und Mais mit Erträgen von etwa 2.000 kg/ha von den anderen Getreidearten abheben. Während jedoch die Maiserträge von etwa 1.000 kg/ha zu Beginn der 1990er Jahre auf etwa 2.000 kg/ha im Jahr 2006 anstiegen, stagnieren die Reiserträge seit 1990 bei etwa 2.000 kg/ha. Aus diesem Grund hat sich Mais am besten entwickelt und ist mit einem Produktionsvolumen, das von 1.100.000 Tonnen im Jahr 1980 auf mehr als sieben Millionen Tonnen im Zeitraum 2007-2008 gestiegen ist, zur zweitgrößten Getreideart der Föderation geworden. Das Produktionsvolumen von Reis stieg zwischen 1980 und 2008 um das 3,4-fache auf rund 3,7 Millionen Tonnen Paddy. Die Weizenerzeugung hält sich mit rund 100.000 Tonnen pro Jahr auf einem konstanten Niveau, obwohl die Bundesregierung viel in die Förderung dieser Getreideart investiert.

2.3. Theoretischer Rahmen

2.3.1. Theorie der Produktion.

Der Produktionsprozess beinhaltet die Umwandlung von Inputs in Outputs. Olukosi und Ogungbile (1989) stellten fest, dass in einem Produktionsprozess die Inputs in Outputs umgewandelt werden. Was in den Produktionsprozess eingebracht wird, kommt entweder als Produkt oder in Form von Abfall heraus. Das Produkt ist der Teil des Outputs, der für den Produzenten wertvoll ist, während der Teil, der für ihn keinen Wert hat, als Abfall oder Abfallprodukt gilt. Bei jedem Produktionsprozess fallen also einige Abfallprodukte an. Solange die Produktion jedoch einen ausreichenden Gewinn aus dem wertvollen Teil des Outputs erwirtschaftet, ist der Investor mit seiner Investition zufrieden.

Olayide und Heady (1982) berichten, dass der Produktionsprozess ein Prozess ist, bei dem einige Waren und Dienstleistungen, die als Inputs bezeichnet werden, in andere Waren und Dienstleistungen, die als Output bezeichnet werden, umgewandelt werden. In der Landwirtschaft sind die physischen Inputs, mit denen wir es zu tun haben, in der Regel Land, Kapitalmanagement und seit kurzem auch Wasserressourcen. Die Ressourcen können in einem landwirtschaftlichen Betrieb oder einer Produktionseinheit organisiert werden, deren Endziele die Gewinnmaximierung oder eine Kombination davon, die Kostenminimierung oder die Maximierung der Zufriedenheit oder eine Kombination all dieser Unternehmensmotive sein können. Sie betonten ferner, dass die Produktionstheorie den theoretischen und empirischen Rahmen darstellt, der eine angemessene Auswahl unter den Alternativen erleichtert, so dass jedes oder eine Kombination der Ziele des Landwirts erreicht werden kann.

Olayide und Heady (1982) berichteten, dass die Produktionsfunktion die technische Beziehung zwischen Inputs und Outputs in jedem Produktionsschema oder -prozess festlegt. In mathematischer Hinsicht wird angenommen, dass diese Funktion kontinuierlich und differenzierbar ist. Sie wird mathematisch ausgedrückt als:

$$Y = F(X_1, X_2, X_3 \ldots\ldots X_n) \quad (1)$$

Y= physische Menge der Outputs und X_1 , X_2 , X_3 , ... X_n = physische Menge der Inputs.

Die Produktionsfunktion ist ein Konzept aus den physikalischen und biologischen Wissenschaften, dessen Verfeinerungen aus den Wirtschaftswissenschaften hervorgegangen sind. Sankhayan (1988) definierte die Produktionsfunktion als das mathematische Gegenstück zum angewandten Begriff der Input-Output-Beziehung, wobei eine solche Beziehung entweder diskret oder kontinuierlich sein kann. Da kontinuierliche Produktionsfunktionen mathematisch leicht zu handhaben sind, sind sie in letzter Zeit bei modernen Wirtschaftswissenschaftlern, die mit dem Problem der Verhaltensanalyse konfrontiert sind, sehr beliebt geworden.

Olayide und Olayemi (1981) betrachteten die Produktionsfunktion als "ein mathematisches Modell, das die technische Beziehung zwischen Input und resultierendem Output ausdrückt". Das heißt, die Produktionsfunktion definiert den Bereich der technischen Möglichkeiten in der Produktion. Sie definiert die Faktor-Produkt-Beziehung im Produktionsprozess. Produktionsfunktionen werden von Agrarwissenschaftlern, Naturwissenschaftlern und Sozialwissenschaftlern in vielfältiger Weise verwendet. So haben technische Landwirte sie als nützlich empfunden, um die Beziehung zwischen dem Ernteertrag und der Höhe des Inputs, z. B. Düngemittel, Arbeit usw., für die Pflanzenproduktion auszudrücken.

2.3.2. Theorie des Einkommens

Hicks (1939) definierte das Einkommen als "den Höchstbetrag, den ein Mensch ausgeben kann, ohne dass es ihm am Ende der Woche so gut geht wie am Anfang". Seitdem hat es eine Reihe von Versuchen gegeben, diese Definition anzuwenden. Das Problem ist, wie Hicks einräumte, dass die korrekte Auslegung von "so gut wie möglich" keineswegs eindeutig ist. Weitzman (1976) und Asheim (1994) schlagen vor, dass das Einkommen dem Konsumniveau entspricht, das auf unbestimmte Zeit aus dem kapitalisierten Wert des aktuellen Einkommens aufrechterhalten werden könnte, und setzen dies damit gleich, dass es einem am Ende der Woche genauso gut geht wie am

Anfang. Eisner (1988) argumentiert insbesondere, dass in einem "Gesamteinkommenssystem" Effekte, die sich aus Vermögenspreisänderungen ergeben und üblicherweise als Kapitalgewinne betrachtet werden, zum Einkommen gerechnet werden sollten. Asheim (1994) verallgemeinerte Weitzmans Konzept des Einkommens als stationäres Äquivalent des künftigen Verbrauchs für den Fall, dass die Zinssätze nicht konstant sind. Usher (1994) definierte das Einkommen als die Rendite des Vermögens, wobei das Vermögen der Volkswirtschaft der Gegenwartswert ihres künftigen Konsums ist. Hicks (1939) selbst wies auf das Problem mit jeder Definition des Einkommens als Rendite des Vermögens hin.

2.3.3. Messung des Einkommens

Wirtschaftswissenschaftler verwenden den Kapitalerhaltungsansatz (Eigenkapital- oder Kapitalerhaltungsansatz) zur Ermittlung des Einkommens eines Unternehmens in einer Periode. Einkommen = (erwirtschaftetes Kapital)- (Anfangskapital) oder Einkommen = (Konsumwert von Waren/Dienstleistungen) +/- (Kapitalveränderung)

Beim Eigenkapitalansatz wird die Höhe des Einkommens innerhalb einer Periode durch den Vergleich des Gesamtwertes oder des Marktpreises (fairer Marktwert) des Kapitals oder des Nettovermögens am Ende und am Anfang der betreffenden Periode (mit Ausnahme von Kapitaleinlagen und -entnahmen) ermittelt. Das Einkommen wird auf der Grundlage der Zunahme (oder Abnahme) des Nettovermögens oder des Kapitals eines Unternehmens zuzüglich des Wertes (Marktpreises) der in einer Periode verbrauchten Waren oder Dienstleistungen gemessen.

Das wirtschaftliche Konzept des Einkommens unterstreicht den Wert von Waren und/oder Dienstleistungen, die konsumiert werden können, oder die Konsumfähigkeit einer Einheit. Das Einkommen wird auf der Grundlage der Fähigkeit einer Einheit, Waren und Dienstleistungen, die oft auch als Kaufkraft (Kaufkraft) oder Realeinkommen bezeichnet werden, gemessen.

Bei der Messung von Wertveränderungen verwenden Ökonomen Ansätze oder Gesichtspunkte, die sich auf die aktuelle Sichtweise beziehen, und betonen daher den aktuellen Wert. Der Wert oder der historische Preis wird dagegen als weniger relevant angesehen. Das Hauptproblem bei der Verwendung des Gegenwartswerts als Bemessungsgrundlage besteht darin, dass der Gegenwartswert subjektiv ist, vor allem, wenn kein oder kein verfügbarer Markt für Waren oder Dienstleistungen vorhanden ist, die zur Bestätigung dieser Preise benötigt werden. Veränderungen (Wertsteigerung oder -minderung) eines Produkts oder einer Dienstleistung, die nicht auf der Grundlage einer tatsächlichen Transaktion gemessen werden, werden als Gewinne oder Erträge bezeichnet, die nicht realisiert wurden (nicht realisierte Gewinne) oder Verluste, die nicht tatsächlich eingetreten sind. Die Betonung der Kaufkraft, die Nachfrage sollte auch die Auswirkungen der Inflation (Rückgang der Kaufkraft des Geldes) als ein Faktor Anpassungen in der Einkommensmessung zu berücksichtigen. Ein Anstieg des Wertes von Waren und Dienstleistungen, der ausschließlich durch Veränderungen der Kaufkraft des Geldes (in diesem Fall ein Rückgang) verursacht wird, kann nicht als Einkommen angesehen werden, da der Wertzuwachs nicht durch eine erhöhte Fähigkeit zum Konsum von Waren oder Dienstleistungen begleitet wurde. Daher sollte das Einkommen zusätzlich zur wirtschaftlichen Fähigkeit einer Einheit auf der Grundlage des Wertes jeder Einheit gemessen werden. Es ist notwendig, einen Index (den Wert der Geldeinheiten) zu der Zeit, genannt das Basisjahr Preisniveau oder Basisperiode. Der aktuelle Wert der Rupiah sollte in einen konstanten Wert des Rupiah-Preisindex umgerechnet werden, der auf Jahresbasis basiert.

2.3.4 Theorie und Konzept der Bruttomargenanalyse

Die Bruttomargenanalyse ist eines der ältesten und einfachsten Analyseinstrumente in der Betriebsführung. Sie wurde in einer Reihe von Wirtschaftsstudien zur Analyse der Rentabilität der landwirtschaftlichen Produktionsverfahren verwendet. Die Bruttomarge als Konzept des Deckungsbeitrags aus der Grenzplankostenrechnung ist seit 1960 in der landwirtschaftlichen Betriebsführung weit verbreitet. In der Landwirtschaft wird er gewöhnlich als Bruttomarge oder manchmal auch als Gewinn bezeichnet. Die Grundlage der Bruttomargenanalyse besteht darin, dass der landwirtschaftliche Betrieb als eine Gruppe unabhängiger, produktiver Unternehmen betrachtet wird, in deren Mittelpunkt die landwirtschaftliche Einheit steht, die gemeinsame Dienstleistungen erbringt und die notwendige Koordinierung vornimmt (Johnson, 1990).

Die Bruttomarge der landwirtschaftlichen Tätigkeit ist die Differenz zwischen dem erzielten Bruttoeinkommen und den entstandenen variablen Kosten. Bei einem landwirtschaftlichen Betrieb, der mehrere verschiedene Tätigkeiten ausübt, ist die Gesamtbruttomarge die Summe der Bruttomargen der einzelnen Tätigkeiten (Abbot und Makehan, 1992).

Die Gesamteinnahmen stellen das Produktionsvolumen des Betriebs dar (z. B. physische Menge der Ernte multipliziert mit dem Preis pro Einheit), während die Gesamtkosten den Gesamtwert des gesamten betrieblichen Inputs während eines bestimmten Produktionszeitraums darstellen. Sie setzen sich aus zwei Komponenten zusammen: Fixkosten und variable Kosten. Fixe Kosten sind die Kosten, die für feste Inputs anfallen, die sich bei Produktionsveränderungen nicht ändern. Die Fixkosten sind nur kurzfristig, denn langfristig werden alle Kosten variabel, da die Bedingungen eine Änderung aller Produktionsfaktoren rechtfertigen können. Die variablen Kosten hingegen sind die kurzfristigen Kosten der Ressourcen, die weniger als ein Jahr andauern. Sie variieren je nach Output und entstehen durch variable Inputs, die einem bestimmten Unternehmen zugeordnet werden können (Olukosi und Ogungbile, 1982).

Die Differenz zwischen den Einnahmen und den Gesamtkosten ergibt ein Maß für das Nettoeinkommen. Um das Nettoeinkommen des Betriebs zu erhalten, werden die Gesamtkosten von den Gesamteinnahmen abgezogen, die mit den begrenzten Ressourcen erzielt werden können. Die Bruttomarge ist die Differenz zwischen dem Bruttobetriebseinkommen und den gesamten variablen Kosten (TVC). Sie ist ein nützliches Planungsinstrument in Situationen, in denen das Anlagekapital einen vernachlässigbaren Anteil an den landwirtschaftlichen Betrieben ausmacht, wie im Fall der Subsistenzlandwirtschaft in kleinem Maßstab (Olukosi und Erhabor, 1988).

2.3.5 Analytischer Rahmen

2.3.6 Lineares Regressionsmodell

Die lineare Regression ist ein Ansatz zur Modellierung des Verhältnisses zwischen einer skalaren abhängigen Variable und einer oder mehreren erklärenden Variablen, die mit *X* bezeichnet werden. Der Fall einer erklärenden Variable wird als einfache lineare Regression bezeichnet. Bei mehr als einer erklärenden Variable wird das Verfahren als multiple lineare Regression bezeichnet (Freedman, 2009) (Dieser Begriff sollte von der multivariaten linearen Regression unterschieden werden, bei der mehrere korrelierte abhängige Variablen vorhergesagt werden und nicht eine einzelne skalare Variable). Bei der linearen Regression werden die Daten mit Hilfe von linearen Prädiktorfunktionen modelliert, und die unbekannten Modellparameter werden anhand der Daten geschätzt. Solche Modelle werden als lineare Modelle bezeichnet. Am häufigsten bezieht sich die lineare Regression auf ein Modell, bei dem der bedingte Mittelwert von Y in Abhängigkeit vom Wert von *X* eine affine Funktion von *X* ist. Wie alle Formen der Regressionsanalyse konzentriert sich die lineare Regression auf die bedingte Wahrscheinlichkeitsverteilung von *y* bei *X* und nicht auf die gemeinsame Wahrscheinlichkeitsverteilung von *y* und *X*, die die Domäne der multivariaten Analyse ist (Tibshirani, 1996).

Tibshirani (1996) erläuterte, dass die lineare Regression die erste Art der Regressionsanalyse war, die gründlich erforscht und in der Praxis in großem Umfang eingesetzt wurde. Dies liegt daran, dass Modelle, die linear von ihren unbekannten Parametern abhängen, leichter anzupassen sind als Modelle, die nicht linear mit ihren Parametern verbunden sind, und dass die statistischen Eigenschaften der resultierenden Schätzer leichter zu bestimmen sind.

Die lineare Regression hat viele praktische Anwendungen. Die meisten Anwendungen lassen sich in eine der beiden folgenden großen Kategorien einordnen:

- Wenn das Ziel die Vorhersage, die Prognose oder die Reduktion ist, kann die lineare Regression verwendet werden, um ein Vorhersagemodell an einen beobachteten Datensatz von Y- und X-Werten anzupassen. Wird nach der Entwicklung eines solchen Modells ein zusätzlicher Wert von *X* ohne den zugehörigen Wert von Y angegeben, kann das angepasste Modell verwendet werden, um eine Vorhersage des Wertes von *y* zu treffen.

- Bei einer Variablen Y und einer Reihe von Variablen X_1 , ... X_p , die mit Y in Beziehung stehen können, kann die lineare Regressionsanalyse angewandt werden, um die Stärke der Beziehung zwischen Y und den X_j zu quantifizieren, um zu beurteilen, welche X_j möglicherweise überhaupt keine Beziehung zu Y haben, und um zu ermitteln, welche Teilmengen der X_j redundante Informationen über Y enthalten.

Tibshirani (1996) erläuterte auch, dass lineare Regressionsmodelle häufig mit Hilfe der Methode der kleinsten Quadrate angepasst werden, dass sie aber auch auf andere Weise angepasst werden können, z. B. durch Minimierung des "Mangels an Anpassung" in einer anderen Norm (wie bei der Regression der kleinsten absoluten Abweichungen) oder durch Minimierung einer bestraften Version der Verlustfunktion der kleinsten Quadrate wie bei der Ridge-Regression (L2-Norm-Strafe) und dem Lasso (L1-Norm-Strafe). Umgekehrt kann der Ansatz der kleinsten Quadrate auch zur Anpassung von Modellen verwendet werden, die keine linearen Modelle sind. Obwohl die Begriffe "kleinste Quadrate" und "lineares Modell" eng miteinander verbunden sind, sind sie also nicht synonym.

Bei einem Datensatz $\{y_i,\, x_{i1}, \ldots, x_{ip}\}_{i=1}^{n}$ mit n statistischen Einheiten geht ein lineares Regressionsmodell davon aus, dass die Beziehung zwischen der abhängigen Variablen y_i und dem *p-Vektor* der Regressoren x_i linear ist. Diese Beziehung wird durch einen Störterm oder eine Fehlervariable ε_i modelliert - eine unbeobachtete Zufallsvariable, die der linearen Beziehung zwischen der abhängigen Variable und den Regressoren Rauschen hinzufügt.

Das Modell hat also die Form

$$y_i = \beta_1 x_{i1} + \cdots + \beta_p x_{ip} + \varepsilon_i = \mathbf{x}_i^{\mathsf{T}} \boldsymbol{\beta} + \varepsilon_i, \qquad i = 1, \ldots, n,$$

wobei^{T} die Transponierung bezeichnet, so dass $\mathbf{x}_i^{\mathsf{T}}\boldsymbol{\beta}$ das innere Produkt zwischen den Vektoren $\boldsymbol{x}_i$ und $\boldsymbol{\beta}$ ist.

2.3.7 Annahmen zur linearen Regression

Lineare Standardregressionsmodelle mit Standardschätztechniken gehen von einer Reihe von Annahmen über die Prädiktorvariablen, die Antwortvariablen und ihre Beziehung aus. Es wurden zahlreiche Erweiterungen entwickelt, die es ermöglichen, jede dieser Annahmen zu lockern (d. h. auf eine schwächere Form zu reduzieren) und in einigen Fällen ganz zu eliminieren. Einige Methoden sind so allgemein, dass sie mehrere Annahmen auf einmal lockern können, und in anderen Fällen kann dies durch die Kombination verschiedener Erweiterungen erreicht werden. In anderen Fällen kann dies durch die Kombination verschiedener Erweiterungen erreicht werden. Im Allgemeinen machen diese Erweiterungen das Schätzverfahren komplexer und zeitaufwändiger, und es können auch mehr Daten erforderlich sein, um ein ebenso präzises Modell zu erstellen.

Nachstehend sind die wichtigsten Annahmen aufgeführt, die bei linearen Standardregressionsmodellen mit Standardschätzverfahren (z. B. gewöhnliche kleinste Quadrate) zugrunde gelegt werden:

- **Schwache Exogenität**. Dies bedeutet im Wesentlichen, dass die Prädiktorvariablen x als feste Werte und nicht als Zufallsvariablen behandelt werden können. Das bedeutet zum Beispiel, dass die Prädiktorvariablen als fehlerfrei, d. h. nicht mit Messfehlern behaftet, angenommen werden. Obwohl diese Annahme in vielen Fällen nicht realistisch ist, führt ihr Wegfall zu deutlich schwierigeren Fehler-in-Variablen-Modellen.

- **Linearität**. Dies bedeutet, dass der Mittelwert der Antwortvariablen eine lineare Kombination der Parameter (Regressionskoeffizienten) und der Prädiktorvariablen ist. Beachten Sie, dass diese Annahme viel weniger restriktiv ist, als es auf den ersten Blick scheint. Da die Prädiktorvariablen als feste Werte behandelt werden (siehe oben), ist die Linearität eigentlich nur eine Einschränkung für die Parameter. Die Prädiktorvariablen selbst können beliebig transformiert werden, und es können sogar mehrere Kopien derselben zugrundeliegenden Prädiktorvariable hinzugefügt werden, die jeweils unterschiedlich transformiert werden. Dieser Trick wird beispielsweise bei der polynomialen Regression angewandt, bei der die Reaktionsvariable mit Hilfe der linearen Regression als eine beliebige Polynomfunktion (bis zu einem bestimmten Rang) einer Prädiktorvariablen angepasst wird. Dies macht die lineare Regression zu einer äußerst leistungsfähigen Inferenzmethode. Tatsächlich sind Modelle wie die polynomiale Regression oft "zu mächtig", da sie dazu neigen, die Daten zu stark anzupassen. Infolgedessen muss in der Regel eine Art Regularisierung verwendet werden, um zu verhindern, dass unangemessene Lösungen aus dem Schätzungsprozess hervorgehen. Gängige Beispiele sind Ridge-Regression und Lasso-Regression. Es kann auch die Bayessche lineare Regression verwendet werden, die von Natur aus mehr oder weniger immun gegen das Problem der Überanpassung ist. (Tatsächlich können sowohl die Ridge-Regression als auch die Lasso-Regression als Spezialfälle der linearen Bayes'schen Regression betrachtet werden, wobei den Regressionskoeffizienten bestimmte Arten von Prioritätsverteilungen zugeordnet werden).

- **Konstante Varianz (Homoskedastizität)**. Dies bedeutet, dass verschiedene Antwortvariablen unabhängig von den Werten der Prädiktorvariablen die gleiche Varianz in ihren Fehlern aufweisen. In der Praxis ist diese Annahme ungültig (d. h. die Fehler sind heteroskedastisch), wenn die Antwortvariablen auf einer breiten Skala variieren können. Um festzustellen, ob eine heterogene Fehlervarianz vorliegt oder ob ein Muster von Residuen gegen die Modellannahme der Homoskedastizität verstößt (der Fehler variiert für alle Punkte von x gleichmäßig um die "Best-Fitting-Linie"), ist es ratsam, nach einem "Auffächereffekt" zwischen Restfehler und vorhergesagten Werten zu suchen. Dies bedeutet, dass es eine systematische Veränderung der absoluten oder quadrierten Residuen gibt, wenn sie gegen das vorhergesagte Ergebnis aufgetragen werden. Der Fehler ist nicht gleichmäßig über die Regressionslinie verteilt. Die Heteroskedastizität führt zu einer Mittelwertbildung über die unterscheidbaren Varianzen um die Punkte herum, um eine einzige Varianz zu erhalten, die alle Varianzen der Linie ungenau wiedergibt. Dies hat zur Folge, dass die Residuen auf den vorhergesagten Diagrammen für größere und kleinere Werte der Punkte entlang der linearen Regressionslinie gebündelt und auseinandergezogen erscheinen und der mittlere quadratische Fehler des Modells falsch ist. Typischerweise hat beispielsweise eine Antwortvariable, deren Mittelwert groß ist, eine größere Varianz als eine, deren Mittelwert klein ist. Zum Beispiel kann eine Person, deren Einkommen auf 100.000 $ vorhergesagt wird, leicht ein tatsächliches Einkommen von 80.000 $ oder 120.000 $ haben (eine Standardabweichung von etwa 20.000 $), während eine andere Person mit einem vorhergesagten Einkommen von 10.000 $ wahrscheinlich nicht dieselbe

Standardabweichung von 20.000 $ hat, was bedeuten würde, dass ihr tatsächliches Einkommen irgendwo zwischen -10.000 $ und 30.000 $ schwanken würde. (Wie dies zeigt, sollte die Varianz oder Standardabweichung in vielen Fällen - oft in den Fällen, in denen die Annahme normalverteilter Fehler nicht zutrifft - proportional zum Mittelwert und nicht konstant sein). Einfache lineare Regressionsschätzverfahren liefern weniger präzise Parameterschätzungen und irreführende Schlussfolgerungsgrößen wie Standardfehler, wenn eine erhebliche Heteroskedastizität vorliegt. Verschiedene Schätzverfahren (z. B. gewichtete kleinste Quadrate und Heteroskedastizitäts-konforme Standardfehler) können jedoch Heteroskedastizität auf recht allgemeine Weise behandeln. Bayessche lineare Regressionstechniken können auch verwendet werden, wenn die Varianz als Funktion des Mittelwerts angenommen wird. In einigen Fällen ist es auch möglich, das Problem durch Anwendung einer Transformation auf die Antwortvariable zu beheben (z. B. Anpassung des Logarithmus der Antwortvariable unter Verwendung eines linearen Regressionsmodells, was voraussetzt, dass die Antwortvariable eine Log-Normalverteilung statt einer Normalverteilung aufweist).

- **Unabhängigkeit** der Fehler. Dabei wird davon ausgegangen, dass die Fehler der Antwortvariablen nicht miteinander korreliert sind. (Die tatsächliche statistische Unabhängigkeit ist eine strengere Bedingung als das bloße Fehlen von Korrelation und wird oft nicht benötigt, obwohl sie ausgenutzt werden kann, wenn sie bekannt ist). Einige Methoden (z. B. verallgemeinerte kleinste Quadrate) sind in der Lage, mit korrelierten Fehlern umzugehen, obwohl sie in der Regel erheblich mehr Daten erfordern, es sei denn, es wird eine Art von Regularisierung verwendet, um das Modell in Richtung der Annahme unkorrelierter Fehler zu beeinflussen. Die Bayes'sche lineare Regression ist eine allgemeine Methode zur Behandlung dieses Problems.

- **Fehlende Multikollinearität** bei den Prädiktoren. Bei den Standardmethoden der kleinsten Quadrate muss die Designmatrix X den vollen Spaltenrang p haben; andernfalls liegt eine Bedingung vor, die als Multikollinearität in den Prädiktorvariablen bekannt ist. Dies kann durch zwei oder mehr perfekt korrelierte Prädiktorvariablen ausgelöst werden (z. B. wenn dieselbe Prädiktorvariable fälschlicherweise zweimal gegeben wird, entweder ohne eine der Kopien zu transformieren oder durch lineare Transformation einer der Kopien). Dies kann auch passieren, wenn im Vergleich zur Anzahl der zu schätzenden Parameter zu wenig Daten zur Verfügung stehen (z. B. weniger Datenpunkte als Regressionskoeffizienten). Im Falle von Multikollinearität ist der Parametervektor β nicht identifizierbar, er hat keine eindeutige Lösung. Wir werden höchstens in der Lage sein, einige der Parameter zu identifizieren, d.h. seinen Wert auf einen linearen Unterraum von **R** einzugrenzen^p Siehe partielle Regression der kleinsten Quadrate. Nach Douglas (1973) wurden Methoden zur Anpassung linearer Modelle mit Multikollinearität entwickelt, von denen einige zusätzliche Annahmen erfordern, wie z. B. die "Effektsparsamkeit", d. h. dass ein großer Teil der Effekte genau Null ist. Es sei darauf hingewiesen, dass die rechenintensiveren iterierten Algorithmen zur Parameterschätzung, wie sie in verallgemeinerten linearen Modellen verwendet werden, nicht unter diesem Problem leiden, und dass es bei der Behandlung kategorial bewerteter Prädiktoren durchaus üblich ist, für jede mögliche Kategorie einen separaten Indikatorvariablen-Prädiktor einzuführen, was unweigerlich zu Multikollinearität führt.

2.4 Konzeptioneller Rahmen

Die sozioökonomischen Variablen der Landwirte wirken sich auf den Einsatz landwirtschaftlicher Betriebsmittel aus, was sich über einen Umwandlungsprozess der Betriebsmittel auf den Ertrag der landwirtschaftlichen Produktion auswirkt. Durch den Verkauf der landwirtschaftlichen Erzeugnisse wird das landwirtschaftliche Einkommen generiert. Andererseits beeinflussen die sozioökonomischen Variablen der Landwirte die außerlandwirtschaftlichen Tätigkeiten, die ebenfalls zu außerlandwirtschaftlichem Einkommen führen. Beide Einkommen können konsumiert oder in den landwirtschaftlichen Betrieb zurückgeführt werden, je nach den Eigenschaften der Landwirte, die den Umwandlungsprozess beeinflussen. Daher die Pfeile in zwei Richtungen, die diese wechselseitigen Auswirkungen veranschaulichen. Der gesamte Umwandlungsprozess von Input in Produktion wird durch die Produktionsfunktion erreicht.

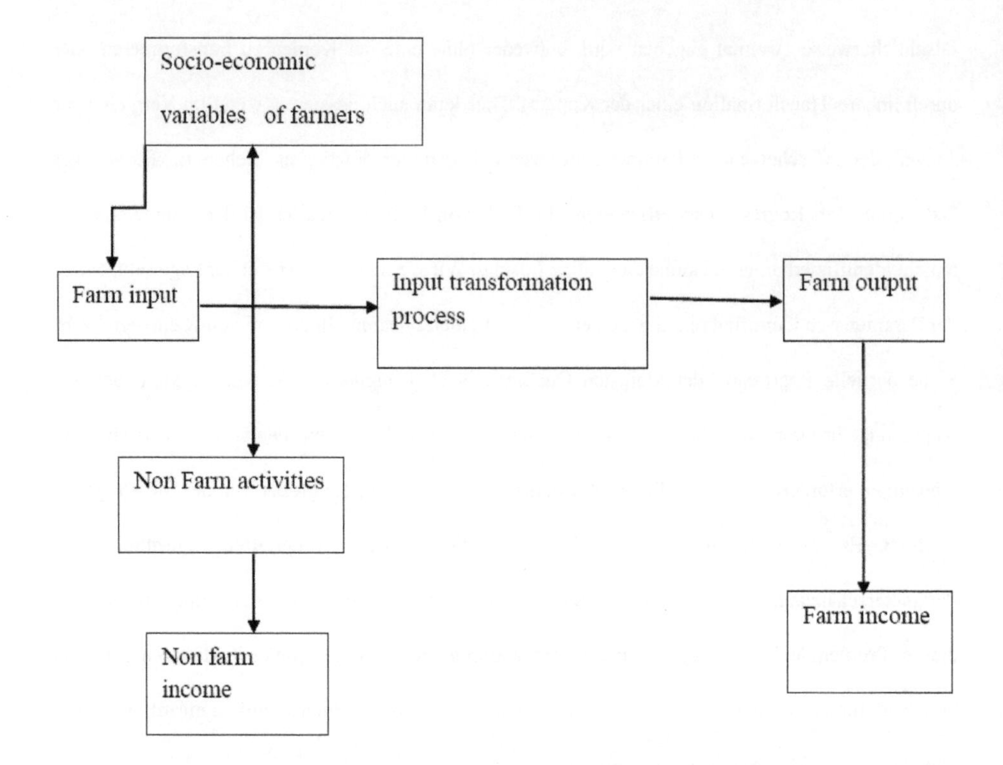

Abbildung 1: Konzeptioneller Rahmen der Studie

Quelle: Angepasst von Vaessen, 2012.

KAPITEL 3. METHODIK

3.1 Forschungsdesign

Für die Forschungsarbeit wurde eine Meinungsumfrage durchgeführt, bei der ein Fragebogen für die Datenerhebung verwendet wurde.

3.2 Das Studiengebiet

Diese Studie wurde im Bundesstaat Nasarawa mit der Hauptstadt Lafia durchgeführt. Der Bundesstaat besteht aus dreizehn lokalen Regierungsbezirken. Der Bundesstaat liegt zwischen den Breitengraden 7° und 9° nördlich des Äquators und den Längengraden 7° und 10° östlich des Meridians von Greenwich (Nasarawa State Government, 2006; Abu *et al.* 2012). Nasarawa State erstreckt sich über eine Fläche von 27.117 km^2 mit einer geschätzten Bevölkerung von 1.863.275 Menschen (NPC, 2006; Abu *et al.* 2012). Die durchschnittliche Temperatur schwankt zwischen 25° C im Oktober und 36° C im März, während die Niederschlagsmenge zwischen 13,73 mm an einigen Orten und 145 mm an anderen Orten variiert. Schwemmlandböden finden sich entlang des Benue-Trogs und seiner Überschwemmungsebenen. Waldböden, die reich an Humus und Laterit sind, findet man in den meisten Teilen des Staates. In einigen Teilen des Staates gibt es auch sandige Böden. Feste Mineralien sind vor allem Salz und Bauxit (Abu *et al.* 2012). Der Bundesstaat Nasarawa ist ein Agrarstaat, in dem ein großer Prozentsatz der Bevölkerung in der Landwirtschaft und in landwirtschaftlichen Betrieben tätig ist. Die Bodenbeschaffenheit ist sandiger Lehm und sehr fruchtbar für Pflanzen wie Mais, Guinea-Mais, Erdnuss, Mellon, Kuhbohne, Maniok, Reis und andere, die im Untersuchungsgebiet angebaut werden. Zu den wichtigsten ethnischen Gruppen gehören Eggon, Tiv, Alago, Hausa, Fulani, Mada, Rindre, Gwandara, Koro, Gbagyi, Ebira, Agatu, Bassa, Aho, Ake, Mama, Arum und Kanuri. Während Englisch und Hausa in dem Bundesstaat weit verbreitet sind, haben alle oben genannten ethnischen Gruppen auch ihre eigenen Sprachen oder traditionellen Religionen sind weit verbreitet. Die beiden führenden Religionen (Christentum und Islam) haben jedoch einen größeren Einfluss auf die Bevölkerung. Kulturelle Artefakte sind zwar über den ganzen Bundesstaat verstreut, doch wurde bisher noch keine Sammlung angelegt. Das ländliche Siedlungsmuster im Bundesstaat Nassarawa wird weitgehend von den vorherrschenden wirtschaftlichen Aktivitäten und bis zu einem gewissen Grad von historischen und physiografischen Faktoren beeinflusst. Die wichtigsten gesprochenen Sprachen sind Alago, Tiv, Eggon, etc.

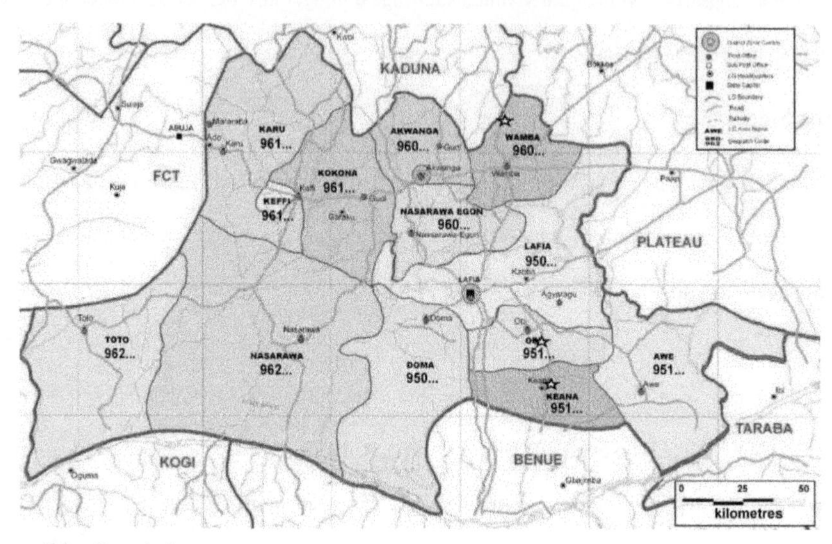

Ausgewählte Gemeinden

Quelle: Akaamaa, Onoja und Nwakonobi (2014)

Abbildung 2: Karte des Untersuchungsgebiets

3.3 Grundgesamtheit und Stichprobenverfahren

Die Grundgesamtheit der Studie umfasste alle kleinbäuerlichen Getreide- und Hülsenfruchtproduzenten im nigerianischen Bundesstaat Nassarawa. Da es unpraktikabel und unwirtschaftlich ist, Informationen von der gesamten Bevölkerung zu erhalten, wurde eine Stichprobe der Bevölkerung durch ein gezieltes, mehrstufiges und geschichtetes Zufallsstichprobenverfahren gezogen. In der ersten Phase wurden drei (3) lokale Regierungsbezirke aus den dreizehn lokalen Regierungsbezirken des Bundesstaates ausgewählt, die eine hohe Konzentration von Getreide- und Hülsenfruchtbauern aufweisen. In der zweiten Phase wurden zwei (2) Bezirke aus jeder ausgewählten Local Government Area zufällig ausgewählt. In der dritten Phase wurden die Landwirte in vier (4) Schichten eingeteilt: Hülsenfrüchte (Erdnuss und Melone) und Getreide (Mais und Guineamais).

Schließlich wurden aus einer Population von 6965 registrierten Landwirten dieser beiden Kulturgruppen (NADP, 2010) 2,5 Prozent jeder Schicht nach dem Zufallsprinzip ausgewählt, was zu einer Stichprobengröße von 174 Befragten führte.

TABELLE 1: PLAN ZUR AUSWAHL DES STICHPROBENUMFANGS MIT EINEM VERHÄLTNIS VON 0,25

LGAs	Bezirke	Maisbauern	Maisbauern in Guinea	Erdnussbauern	Melonenbauern	Probenrahmen	Stichprobenanteil	Stichprobengröße
Obi	Agwatashi	252 (6)	274 (7)	350 (9)	286 (7)	1162	0.025	29
	Adudu	201 (5)	236 (6)	327 (8)	218 (6)	982	0.025	25
Keana	Aloshi	249 (6)	331 (8)	273 (7)	347 (9)	1200	0.025	30
	Gizẹh	245 (6)	227 (5)	235 (6)	351 (9)	1058	0.025	26
Wamba	Nakere	358 (9)	250 (6)	252 (6)	468(12)	1328	0.025	33
	Gbata	327 (8)	268 (7)	263 (7)	377 (9)	1235	0.025	31
Insgesamt	**6**	**1632**	**1586**	**1700**	**2047**	**6965**	**0.025**	**174**

*** Die Werte in Klammern stehen für unternehmensspezifische Befragte in der Stichprobe**

Quelle: Feldstudie, 2016.

3.4 Techniken der Datenerhebung

Die Daten für diese Studie wurden hauptsächlich aus Primärquellen gewonnen. Die Primärdaten wurden mit Hilfe eines strukturierten Fragebogens erhoben, der den in die Stichprobe einbezogenen Kleinbauern für Getreide und Hülsenfrüchte mit Hilfe von geschulten Zählern vorgelegt wurde. Der Fragebogen bestand aus vier (4) Abschnitten sowohl für Getreide- als auch für Hülsenfruchtbauern: A, B, C und D. Abschnitt A befasste sich mit den sozioökonomischen Merkmalen der Befragten, Abschnitt B mit den landwirtschaftlichen Bewirtschaftungssystemen, Abschnitt C mit Informationen zu Kosten und Erträgen in den verschiedenen Anbauprodukten, und Abschnitt D schließlich mit den Hindernissen für die Getreide- und Hülsenfruchtproduktion im Untersuchungsgebiet.

Die relevanten Sekundärdaten, die zur Untermauerung der Primärdaten benötigt wurden, wurden aus Lehrbüchern, Bulletins, dem Internet und aus Studien über andere Kulturpflanzen gewonnen. Der Fragebogen wurde mit Hilfe von geschulten Zählern ausgefüllt.

3.5 Validierung und Verlässlichkeit des Instruments

Der Index der Inhaltsvalidität (CVI) wurde verwendet, um die Angemessenheit der Items des Instruments in dieser Studie zu messen. Mit der Inhaltsvalidität wurde in diesem Zusammenhang versucht, die Relevanz und Angemessenheit der in den Instrumenten enthaltenen Items zu bestimmen. Mit Hilfe der Jury-Methode (Kerlinger, 1973) wurde das gesamte Instrument von meinem Team von Supervisoren geprüft. Jeder der Supervisoren gab unabhängig seine Expertenmeinung zur Relevanz und Angemessenheit der Items in Bezug auf die Ziele der Studie ab. Auf der Grundlage der Expertenurteile zur Relevanz der Items wurde der CVI mit alternativen Indizes verglichen. Dazu wurden die CVIs auf Item-Ebene (i-CVIs) in Werte einer modifizierten Kappa-Statistik umgerechnet. Ein i-CVI von **0,78** wurde als Beweis für eine gute Inhaltsvalidität ermittelt.

Die Test-Retest-Methode zur Bestätigung der Zuverlässigkeit des Instruments wurde in der Studie aufgrund der Antworten auf einzelne Items im Instrument eingesetzt. Sie bewertete direkt das Ausmaß, in dem die Testergebnisse von einer Testverwaltung zur nächsten konsistent waren. Das Instrument wurde an 20 Befragten aus den Bezirken Obi und Keana getestet. Dabei wurde derselbe Test im Abstand von drei Wochen an dieselbe Gruppe von Befragten durchgeführt. Die Ergebnisse des ersten Tests wurden mit den Ergebnissen des zweiten Tests anhand der Pearson-Produkt-Moment-Korrelation korreliert. Ein mittlerer Produkt-Moment-Korrelationskoeffizient (r) von **0,82** deutet auf eine hohe Zuverlässigkeit hin.

3.6 Techniken der Datenanalyse

Zur Analyse der Daten wurden deskriptive und inferentielle Statistiken verwendet. Einfache deskriptive Statistiken wie Häufigkeiten, Prozentsätze und Mittelwerte wurden verwendet, um die Ziele 1 und 5 zu erreichen. Die Analyse der Bruttomarge wurde zur Erreichung von Ziel 2 verwendet.

Multiple lineare Regressionen wurden verwendet, um die Ziele 3 und 4 zu erreichen. Der F-Test wurde zur Prüfung der Hypothesen 1 und 2 verwendet. Der T-Test wurde zur Prüfung der Hypothese 3 verwendet, während die ANOVA zur Prüfung der Hypothese 4 eingesetzt wurde.

3.7 Modell Spezifikation

3.7.1 Analyse der Bruttomarge

Die Bruttomarge wird angegeben als:

GM = TR - TVC

Wo:

GM = Bruttomarge (Naira/Hektar)

TR = Gesamteinnahmen (Naira/Hektar)

TVC = Gesamtkosten (Naira/Hektar)

3.7.2 Mehrere lineare Regressionen

$$1)\ \boldsymbol{Y = \alpha + \sum_{i}^{n} \beta_i X_{i+} \varepsilon_i}$$

Wo

Y ist die Produktion der Kleinbauern (Ertrag/ha)

α ist konstant

β_{is} sind zu schätzende Koeffizienten.

X_1 bis X_5 sind solche Eingangsvariablen, dass

X_1 = Betriebsgröße (ha)

X_2 = Saatgutmenge (kg/ha)

X_3 = Düngemittelmenge (kg/ha)

X_4 = Arbeit (Mandays)

X_5 = Herbizidmenge (Liter/ha)

ε_i ist der Zufallsfehler

A-priori-Erwartung: X_1 , X_2 , X_3 , X_4 , X_5 werden voraussichtlich positiv sein

$$2) \boldsymbol{Y = \alpha + \sum_{i}^{n} \beta_i X_{i+} \varepsilon_i}$$

Wo

Y ist das Einkommen der Kleinbauern (Getreide und Hülsenfrüchte)

β_{is} sind zu schätzende Koeffizienten.

X_1 bis X_5 sind Faktoren, die das Einkommen der Landwirte beeinflussen

X_1 = Alter (in Jahren)

X_2 = Bildungsniveau (Anzahl der Jahre, die in der formalen Schulbildung verbracht wurden)

X_3 = Produktion der Landwirte (Ertrag/ha)

X_4 = Haushaltsgröße (Anzahl der Personen im Haus)

X_5 = Art der Bewirtschaftung (Vollzeit =1, Teilzeit = 0)

A-priori-Erwartung: X_1 wird voraussichtlich negativ sein, während X_2 , X_3 , X_4 , X_5 voraussichtlich positiv sein werden.

$^{\varepsilon}$i ist der Zufallsfehler

Es wurden vier Funktionsformen ausprobiert, wie zum Beispiel:

Linear: $Y = \beta_0 + \beta_1 X_1 + \beta_2 X_2 + \beta_3 X_3 + \beta_4 X_4 + \beta_5 X_5 + \varepsilon_i$

Semi Log: $\ln Y = \beta_0 + \beta_1 X_1 + \beta_2 X_2 + \beta_3 X_3 + \beta_4 X_4 + \beta_5 X_5 + \varepsilon_i$

Doppeltes Protokoll: $\ln Y = \beta_0 + \beta_1 \ln(X_1) + \beta_2 \ln(X_2) + \beta_3 \ln(X_3) + \beta_4 \ln(X_4) + \beta_5 \ln(X_5) + \varepsilon_i$

Cobb Douglas: $Y = aX_1^{b1} X_2^{b2} X_3^{b3} X_4^{b4} X_5^{b5} + \varepsilon_i$

Die beste Funktionsform wurde auf der Grundlage des höchsten Bestimmtheitsmaßes *(R^2*) ausgewählt.

X_1 bis X_5 sind Faktoren, die das Einkommen der Landwirte beeinflussen

X_1 = Alter (in Jahren)

X_2 = Bildungsniveau (Anzahl der Jahre, die in der formalen Schulbildung verbracht wurden)

X_3 = Produktion der Landwirte (Ertrag/ha)

X_4 = Haushaltsgröße (Anzahl der Personen im Haus)

X_5 = Art der Bewirtschaftung (Vollzeit =1, Teilzeit = Q)

A-priori-Erwartung: Es wird erwartet, dass X_1 , X_2 , X_3 , X_4 , X_5 positiv sind.

ε_i ist der Zufallsfehler

3.7.3 T-Test-Analyse

Die t-Statistik zur Prüfung, ob die Mittelwerte unterschiedlich sind, kann wie folgt berechnet werden:

$$t = \frac{\overline{X_1} - \overline{X_2}}{S_{X1X2}\sqrt{\frac{2}{n}}}$$

Wo

$$S_{X1X2} = \sqrt{\frac{1}{2}\left(S_{X1}^2 + S_{X2}^2\right)}$$

Dabei ist S_{X1X2} die gepoolte Standardabweichung, 1 = Gruppe eins, 2 = Gruppe zwei. S_{X1}^2 und S_{X2}^2 sind die unverzerrten Schätzer der Varianzen der beiden Stichproben, $S_{X1X2}\sqrt{\frac{2}{n}}$ ist der Standardfehler der Differenz zwischen zwei Unternehmensmittelwerten.

3.7.4 Analyse der Varianz (ANOVA)

Die Varianzanalyse (ANOVA) ist eine parametrische Statistik. Ihr Hauptzweck besteht darin, die Abweichung zwischen den mittleren Gewinnen der Unternehmen mit der mittleren Abweichung innerhalb des Unternehmens zu vergleichen.

Es gibt eine Reihe von Begriffen, die erläutert werden müssen:

i. Gesamtsumme der Quadrate: Dies sind die Parameter der Gesamtsumme der Quadrate (SST), die Summe der Quadrate zwischen (SSB) und die Summe der Quadrate innerhalb (SSW).

ii. Mittlere Quadrate: Es handelt sich um zwei mittlere Quadrate: das mittlere Quadrat zwischen (MSB) und das mittlere Quadrat innerhalb (MSW).

iii. F-Test oder F-Verhältnis ist der Quotient aus MSB und MSW, d. h. F-Verhältnis = $\frac{\text{MSB}}{\text{MSW}}$

(i) $SST = \sum X^2 - \frac{(SX)^2}{N}$

(ii) $SSB = \frac{(SX)^2}{n_1} + \frac{(SX)^2}{n_2} + \frac{(SX)^2}{n_3} + \frac{(SX)^2}{n_4} + \frac{(SX)^2}{N}$

(iii) $SSW = SST - SSB$

Wo:

X^2 = Zufallszonenvariable mit spezifischem Datenwert.

S^2 = Varianz der Grundgesamtheit der Studie.

N = Gesamtzahl der Beobachtungen in allen Stichproben

n_1 = Gesamtzahl der Beobachtungen in Unternehmen 1

n_2 = Gesamtzahl der Beobachtungen zu Unternehmen 2

n_3 = Gesamtzahl der Beobachtungen zu Unternehmen 3

n_4 = Gesamtzahl der Beobachtungen in Unternehmen 4

KAPITEL 4. ERGEBNISSE UND DISKUSSION

4.1 Sozioökonomische Merkmale der Befragten

Die sozioökonomischen Merkmale der Befragten sind in Tabelle 2 dargestellt. Die Verteilung der Befragten nach Geschlecht zeigt, dass die Mehrheit (62,1 %) der an der Produktion beteiligten Landwirte (Getreide und Hülsenfrüchte) männlich war, während 38,9 % weiblich waren. Die Dominanz der Männer im Untersuchungsgebiet ist ein Hinweis darauf, dass die Frauen im Untersuchungsgebiet eher zu Hause bleiben als in der Landwirtschaft, während die Männer durch solche landwirtschaftlichen Tätigkeiten um ihr Überleben kämpfen. Dies liegt wahrscheinlich auch daran, dass die Landwirtschaft viel Energie erfordert und arbeitsintensiv ist, da man täglich auf den Hof gehen muss. Dieses Ergebnis geht in die gleiche Richtung wie die Ergebnisse von Baruwa (2013) und Effiong (2005), die berichten, dass die Pflanzenproduktion und -vermarktung im nigerianischen Bundesstaat Edo ein von Männern dominiertes Unternehmen ist. Diese Ergebnisse stimmen auch mit den Ergebnissen von Umar ***et al.*** (2011) überein, die über eine hohe männliche Dominanz in der Sesamproduktion im Untersuchungsgebiet berichteten.

Tabelle 2 zeigt, dass das Alter der Befragten zwischen 21 und 40 Jahren mit 48,9 % überwiegt. Außerdem sind 44,5 % der Befragten zwischen 41 und 60 Jahre alt. Das Durchschnittsalter der Landwirte lag bei 39 Jahren. Daraus lässt sich schließen, dass die meisten Getreide- und Hülsenfruchtbauern im Untersuchungsgebiet in der Altersgruppe der aktiven Landwirte liegen, was bedeutet, dass die Getreide- und Hülsenfruchtbauern im Untersuchungsgebiet von den jungen Menschen, die energisch genug sind, um den Stress in der Landwirtschaft zu ertragen, stärker unterstützt werden. Dieses Ergebnis deutet darauf hin, dass die Mehrheit (48,9 %) der Landwirte im Untersuchungsgebiet junge Landwirte sind, die in die Altersgruppe der innovativen und aktiven Menschen fallen (Asogwa und Okwoche, 2012). Diese Kategorie von Landwirten kann daher einen bedeutenden Einfluss auf die Produktion von Getreide und Hülsenfrüchten ausüben, wenn sie angemessen motiviert ist. Dieses Ergebnis stimmt auch mit den Erkenntnissen von Yusuf (2005) überein, wonach die meisten Landwirte in ihrem aktiven Alter sind und einen positiven Beitrag zur landwirtschaftlichen Produktion leisten können.

Das Ergebnis zeigte auch, dass die Mehrheit (62,1 %) der Landwirte verheiratet ist, während 35 % ledig sind, was darauf hindeutet, dass Getreide- und Hülsenfruchtbauern im Untersuchungsgebiet häufig Paare sind. Der hohe Anteil der Befragten, die verheiratet sind, deutet darauf hin, dass Familienarbeitskräfte für Getreide- und Hülsenfruchtbauern verfügbar sein könnten. Diese Studie deckt sich mit den Ergebnissen von Baruwa (2013), der berichtete, dass die Mehrheit oder 66 % der Ananasproduzenten im Bundesstaat Edo verheiratet waren.

Was die Haushaltsgröße betrifft, so hatten 66,1 % der Befragten 5-8 Personen in ihrem Haushalt, 32,2 % der Befragten hatten 9-12 Personen pro Haushalt, 1,5 % hatten mehr als 12 Personen pro Haushalt. Die durchschnittliche Haushaltsgröße betrug 8 Personen pro Haushalt, was darauf hindeutet, dass die Getreide- und Hülsenfruchtbauern im Untersuchungsgebiet eine relativ große Haushaltsgröße haben. Dies bedeutet, dass zusätzliche Arbeitskräfte für die Arbeit auf dem Betrieb eingestellt werden könnten, insbesondere wenn der Betrieb groß ist. Diese Behauptung stimmt mit den Berichten von Idiong (2006) und Ogungbile, Tabo und Rahman (2002) überein, wonach eine relativ große Haushaltsgröße die Verfügbarkeit von Arbeitskräften verbessert. Ovharhe und Okoedo-Okojie (2011) berichteten ebenfalls, dass der Adoptionsindex positiv oder negativ mit der Haushaltsgröße zusammenhängen kann, je nach der Art der Altersstruktur und dem Umfang der von den Haushaltsmitgliedern geleisteten Arbeit.

Die meisten Befragten (48,2 %) verfügten über einen Sekundarschulabschluss, d. h. sie haben im Durchschnitt 9 Jahre formale Schulbildung genossen, während 21,8 % der Befragten eine postsekundäre Ausbildung von mehr als 12 Jahren formaler Schulbildung hatten. Dies bedeutet, dass die meisten der Befragten gebildet waren.

Dieses Ergebnis deutet auch darauf hin, dass ein großer Teil der Landwirte lesen und schreiben kann, so dass eine effektive Kommunikation bei der Produktion und Vermarktung im Untersuchungsgebiet möglich ist. Dies deutet auch darauf hin, dass neue Technologien leicht in dieses Gebiet übertragen werden können, da die meisten von ihnen des Lesens und Schreibens kundig sind. Dies ist akzeptabel, da sich die Bildung auf die Art und Weise auswirkt, wie die landwirtschaftlichen Betriebe geführt werden, sowie auf die Gesamtproduktion (Jongur und Ahmed, 2008). Auch Effiong (2005) kam zu ähnlichen Ergebnissen, als er feststellte, dass 21 % der Ananasbauern im Bundesstaat Osun über keine formale Bildung verfügten, während 79 % von ihnen irgendeine Form der formalen Bildung (Primar-, Sekundar- und Tertiärstufe) besaßen. Dieses Ergebnis zeigt, dass ein durchschnittlicher Landwirt im Untersuchungsgebiet recht gut ausgebildet ist und daher eine bessere Entscheidung hinsichtlich der Akzeptanz von Innovationen treffen kann. Ekunwe, Orewa und Emokaro (2008) wiesen ebenfalls darauf hin, dass Bildung die Fähigkeit des Einzelnen verbessert, Ideen zu verstehen, zu verwalten und mit ihnen zu arbeiten. Dieses Ergebnis steht im Widerspruch zu den Erkenntnissen von Luka und Yahaya (2012), dass die meisten Sesambauern im Untersuchungsgebiet nicht gut ausgebildet waren.

Die meisten Landwirte (66,7 %) hatten zwischen 11 und 15 Jahren Erfahrung im Getreide- und Hülsenfruchtanbau, während 14,9 % der Befragten mehr als 15 Jahre Erfahrung in der Landwirtschaft hatten. Die durchschnittliche Erfahrung betrug 13 Jahre. Dies deutet darauf hin, dass die meisten Landwirte über eine langjährige Erfahrung in der Landwirtschaft verfügen und dass sie in der Lage sind, mit Risiken umzugehen und schnelle Entscheidungen zu treffen, was zu einer besseren Getreide- und Hülsenfrüchteproduktion und einer besseren Vermarktung ihrer Produkte führt, was wiederum zu einem höheren Einkommen führt. Maddison (2006) stellte fest, dass ausgebildete und erfahrene Landwirte mehr Wissen und Informationen über den Klimawandel und agronomische Praktiken haben, die sie als Reaktion darauf anwenden können.

Das mittlere Einkommen der Befragten betrug 118.839 N. Die Mehrheit der Befragten (59,2 %) fiel in die Einkommensgruppe zwischen 1 und 200.000 N, während 33,9 % von ihnen in der Einkommensgruppe zwischen 200.000 und 400.000 N lagen. Dies deutet darauf hin, dass die Landwirte über ein geringes Einkommen verfügen.

TABELLE 2: VERTEILUNG DER BEFRAGTEN NACH SOZIOÖKONOMISCHEN MERKMALEN

Variable	Mean	Frequency	Percentage
Sex			
Male		108	62.1
Female		66	37.9
Total		174	100
Age	39(years)		
1-20		11	6.3
21-40		85	48.9
41-60		78	44.5
Total		174	100
Marital Status			
Single		61	35.1
Married		106	62.1
Divorced/Widowed		5	2.9
Total		174	100
Household Size	8		
1-4		1	0.6
5-8		115	66.1
9-12		56	32.2
>12		3	1.5
Total		174	100

Quelle: Daten der Felderhebung, 2016.

TABELLE 2 : FORTSETZUNG

Variable	Mean	Frequency	Percentage
Education Level	9(years)		
0-6		52	29.9
7-12		84	48.2
>12		38	21.8
Total		174	100
Farm Experience	13(years)		
1-5		2	1.4
6-10		30	17.2
11-15		116	66.6
>15		26	14.8
Total		174	100
Income	118,839		
1-200,000		103	59.1
200,001-400,000		59	33.7
400,001-600,000		11	6.2
600001-800000		0	0
800,001-1, 000,000		1	0.5
>1, 000,000		1	0.5
Total		174	100

Quelle: Daten der Felderhebung, 2016.

4.2 Rentabilität des Getreide- und Leguminosenanbaus im Untersuchungsgebiet

4.2.1 Kosten- und Ertragsanalysen der Getreide- und Leguminosenproduktion

Tabelle 3 zeigt, dass die mittleren variablen Gesamtkosten für Getreide (TVC) N46.319 betrugen; das Minimum der TVC lag bei N25.500, während das Maximum der TVC N83.100 betrug. Im Einzelnen zeigt das Ergebnis in Tabelle 3 für Getreide, dass die durchschnittlichen Arbeitskosten N27.626 betragen und sich auf

59.6 Prozent der durchschnittlichen variablen Gesamtkosten. Das Ergebnis zeigte ferner, dass die durchschnittlichen Kosten für Saatgut (N5.886) 12,7 Prozent der durchschnittlichen variablen

Gesamtkosten ausmachten. Das Ergebnis zeigte auch, dass die mittleren Kosten für Pestizide (N5.927,5) 12,8 Prozent der mittleren variablen Gesamtkosten ausmachten. In ähnlicher Weise machten die durchschnittlichen Kosten für Düngemittel (N3.633) 0,86 Prozent der durchschnittlichen variablen Gesamtkosten aus. Die durchschnittlichen Einnahmen betragen 119.087 N. Der Landwirt mit dem höchsten Wert hatte 52.300 N für Arbeit, was 62,9 % der Gesamtkosten ausmacht. Die Kosten für Saatgut und Pestizide betrugen jeweils 20.000 N, was 24 % der gesamten Produktionskosten ausmacht. Die Kosten für Düngemittel betrugen N19.000, was 22,8 Prozent der Gesamtproduktionskosten ausmacht. Das berechnete Rentabilitätsverhältnis, wie in Tabelle 3 für die Getreidebauern dargestellt, betrug 1,6. Das bedeutet, dass der Landwirt im Untersuchungsgebiet für jede N100, die er investiert, N160 gewinnt. Somit wird bestätigt, dass die Getreideproduktion in Übereinstimmung mit den früheren Ergebnissen der Kosten- und Ertragsanalyse rentabel ist. Das geschätzte Effizienzverhältnis für die Getreidebauern betrug 2,6. Das bedeutet, dass die Effizienzquoten der einzelnen Landwirte größer als eins waren, was ein Hinweis darauf ist, dass ihre Betriebe effizient sind.

Umgekehrt zeigt das Ergebnis in Tabelle 4 unten, dass die mittleren variablen Gesamtkosten für Hülsenfrüchte (TVC) N46.143 betrugen; das Minimum der TVC war N23.500, während das Maximum der TVC N89.800 betrug. Die durchschnittlichen Arbeitskosten betrugen 27.502 N und machten 59,6 Prozent der durchschnittlichen variablen Gesamtkosten aus. Das Ergebnis zeigte ferner, dass die durchschnittlichen Kosten für Saatgut (6.327 N) 13,7 Prozent der durchschnittlichen variablen Gesamtkosten ausmachten. Das Ergebnis zeigte auch, dass die durchschnittlichen Kosten für Pestizide (N6.023) 13,1 Prozent der durchschnittlichen variablen Gesamtkosten ausmachten. In ähnlicher Weise machten die durchschnittlichen Kosten für Düngemittel (N4.932,9) 10,7 Prozent der durchschnittlichen variablen Gesamtkosten aus. Die durchschnittlichen Einnahmen betrugen 118.590 N. Der Landwirt mit dem höchsten Wert hatte 60.000 für Arbeit ausgegeben, was 66,8 Prozent der Gesamtkosten ausmachte. Die Kosten für Düngemittel und Pestizide betrugen jeweils 24.000 N, was 27 Prozent der Gesamtproduktionskosten ausmachte. Die Kosten für Saatgut beliefen sich auf 25.000

N, was 27,8 Prozent der Gesamtproduktionskosten ausmacht. Das berechnete Rentabilitätsverhältnis, wie es in Tabelle 3 für die Landwirte von Hülsenfrüchten dargestellt ist, betrug 1,5. Das bedeutet, dass der Landwirt im Untersuchungsgebiet für jede N100, die er investiert, N150 gewinnt. Somit wird bestätigt, dass die Leguminosenproduktion in Übereinstimmung mit den früheren Ergebnissen der Kosten- und Ertragsanalyse rentabel ist. Das geschätzte Effizienzverhältnis für die Getreidebauern betrug 2,6. Das bedeutet, dass die Effizienzkennzahlen der einzelnen Landwirte größer als eins waren, was ein Hinweis darauf ist, dass ihre Betriebe effizient sind. Dies stimmt mit früheren Autoren überein, dass Kleinbauern bei ihren produktiven Unternehmungen technisch effizient sind, wie Penda und Asogwa (2011) feststellten.

TABELLE 3. KOSTEN/EINNAHMEN-ANALYSE FÜR DIE GETREIDEPRODUKTION (in Naira)

Variabel	Mittlere	Minimum	Maximum	Standardabweichung
Kosten der Arbeit	27,626	19,000	52,300	6,567.630
Kosten für Saatgut	5,886	500	20,000	4,964.965
Kosten für Pestizide	5,927.5	0	20,000	5,152.668
Kosten für Düngemittel	3,633.75	0	19,000	5,516.161
Kosten für das Gerät	3,320	1500	13,000	2,198.704
Variable Gesamtkosten	46,319.6	25,500	83,100	13,028.6
Gesamteinnahmen	119,087	80,000	171,000	25,506.5
Bruttomarge/Ha	72,767.8	35,800	99,700	
Rentabilitätskennziffer (π/TC)	1.6			
Wirkungsgrad (TR/TC)	2.6			

Quelle: Daten der Felderhebung, 2016.

TABELLE 4. KOSTEN/EINNAHMEN-ANALYSEN FÜR DIE ERZEUGUNG VON LEGUMEN (in Naira)

Variabel	Mittlere	Minimum	Maximum	Standardabweichung
Kosten der Arbeit	27,502	19000	60,000	6,567.630
Kosten für Saatgut	6,327.6	500	25,000	4,964.956
Kosten für Pestizide	6,023	0	24,000	5,152.668
Kosten für Düngemittel	4,932.9	0	24,000	5,516.181
Kosten für das Gerät	3,357.5	1500	14,400	2,198.704
Variable Gesamtkosten	46,143	23,500	89,800	13,028.6
Gesamteinnahmen	118,590	70,000	180,000	25,506
Bruttomarge/Ha	70,446	6300	99,200	
Rentabilitätskennziffer (π/TC)	1.5			
Wirkungsgrad (TR/TC)	2.6			

Quelle: Daten der Felderhebung, 2016.

4.2.2 Analyse der Bruttomarge der Getreide- und Leguminosenproduktion im Untersuchungsgebiet

Die Ergebnisse der Tabelle 5 über die Bruttomarge für Getreide und Hülsenfrüchte zeigen, dass die Getreideproduktion eine mittlere Bruttomarge pro Hektar von 72.767,8 N aufwies, wobei die minimale Bruttomarge 35.800 N und die maximale Bruttomarge pro Hektar im Untersuchungsgebiet 99.700 N betrug. Tabelle 5 zeigt auch, dass die Leguminosenproduktion im Untersuchungsgebiet einen mittleren Bruttogewinn pro Hektar von 70.446 N, einen minimalen Bruttogewinn von 6.300 N und einen maximalen Bruttogewinn von 99.200 N pro Hektar erzielte. Die obigen Analysen zeigen, dass die Bruttomargen der Landwirte in beiden Anbaukategorien ähnlich hoch sind. Die oben genannten Werte der Bruttomarge stimmen perfekt mit den Werten überein (91.338,26 Naira/ha), die von Odoemenem und Inakwu (2011) in ihrer Studie über die wirtschaftliche Analyse der

Reisproduktion im Cross River State Nigeria ermittelt wurden, und (39.050 Naira/ha), die von Ohen und Ajah (2012) in ihrer Studie über die Kosten- und Ertragsanalyse in der kleinen Reisproduktion im Cross River State, Nigeria, ermittelt wurden.

TABELLE 5: BRUTTOGEWINNVERGLEICH VON GETREIDE UND LEGUMENEN PRO HECTARE (in Naira)

	Mittlere	Minimum	Maximum	Std Dev
Getreide	72,767.8	35,800	99,700	18,711
Hülsenfrüchte	70,446	6300	99,200	20,158

Quelle: Daten der Feldstudie, 2016

4.2.3 Einkommen und Produktion von Getreide und Hülsenfrüchten

Tabelle 6 zeigt einen Vergleich des Einkommens und der Produktion von Getreide und Hülsenfrüchten pro Hektar in dem Untersuchungsgebiet. Das mittlere Einkommen für Getreide liegt bei 119.000 N, das für Hülsenfrüchte bei ebenfalls 119.000 N. Der Landwirt mit der höchsten Getreideproduktion hatte ein Einkommen von 171.000 N, der Landwirt mit der höchsten Hülsenfrüchteproduktion von 180.000 N. Umgekehrt lag der durchschnittliche Ertrag pro Hektar bei Getreide bei 1187 kg und bei Hülsenfrüchten bei 1114,5 kg pro Hektar.

TABELLE 6: VERTEILUNG DES EINKOMMENS UND DER PRODUKTION VON GETREIDE UND HÜLSENFRÜCHTEN PRO HEKTAR

	Mittlere	Minimum	Maximum	Std Dev
Getreide				
- Einkommen (N)	**119,000**	**80,000**	**171,000**	**22,315.9**
- Leistung(Kg)	**1187**	**400**	**2500**	**481.6**
Hülsenfrüchte				
- Einkommen (N)	**119,000**	**70,000**	**180,000**	**25,506.6**
- Leistung(Kg)	**1114.5**	**400**	**2900**	**518.1**

Quelle: Feldstudie Ergebnis, 2016.

4.3 Verhältnis zwischen Input und Output bei der Erzeugung von Getreide und Hülsenfrüchten im Untersuchungsgebiet

Die Auswirkungen der Inputs (Betriebsgröße, Arbeitskräfte, Saatgut, Pestizide und Düngemittel) auf den Output, die aus den Regressionsmodellen für Getreide und Leguminosen geschätzt wurden, sind in den Tabellen 7 und 8 zusammengefasst. Die Tabellen zeigen, dass das Ergebnis der doppelten logarithmischen Funktionsform die beste Anpassung an die Daten aufweist.

Für Getreide (Tabelle 7) zeigt das Ergebnis, dass die doppelte logarithmische Funktionsform das höchste Bestimmtheitsmaß (R2) von 0,562 aufweist, was bedeutet, dass Betriebsgröße, Arbeit, Saatgut, Pestizide und Düngemittel zu 56,2 % der Produktionsschwankungen bei Getreide beitragen. Aus Tabelle 7 geht hervor, dass die Arbeit der Input war, der die Getreideproduktion erheblich beeinflusste. Insbesondere wurde festgestellt, dass der Faktor Arbeit die Getreideproduktion mit einer Wahrscheinlichkeit von 5 Prozent positiv und signifikant beeinflusst. Dieses Ergebnis stimmt mit der a priori Erwartung überein. Dies bedeutet, dass eine Erhöhung der Arbeit um eine Einheit auch die Getreideproduktion um den Wert ihres Koeffizienten erhöht. Dies deckt sich mit den Forschungsergebnissen von Oniah *et al.* (2008), wonach die Koeffizienten für Arbeit und Pestizide in der kleinen Sumpfreisproduktion in der Obubra Local Government Area des Cross River State, Nigeria, zu 5 Prozent signifikant waren. Die geschätzten Koeffizienten für Betriebsgröße, Saatgut, Pestizide und Düngemittel waren jedoch nicht signifikant.

Der F-Wert (19,018) war bei 5 Prozent signifikant, was bedeutet, dass Betriebsgröße, Arbeitskräfte, Saatgut, Pestizide und Düngemittel einen signifikanten Einfluss auf die Produktion von Getreide haben. Daher wird die Hypothese, die besagt, dass es keine signifikante Auswirkung zwischen dem Einsatz von Betriebsmitteln und der Produktion von Getreide gibt, abgelehnt.

Der Skalenertragskoeffizient (0,775) in Bezug auf die Betriebsgröße, die Arbeitskräfte, die Menge der eingesetzten Düngemittel und Pestizide war positiv, aber kleiner als eins. Dies bedeutet, dass die Befragten ihre Produktion durch den effizienten Einsatz von mehr Betriebsmitteln wie Düngemitteln und Pestiziden weiter verbessern können. Technisch gesehen befinden sich die Getreidekleinbauern in Phase II ihres Produktionszyklus, da die Produktion im Verhältnis zur Menge der eingesetzten Betriebsmittel mit abnehmender Geschwindigkeit steigt. Dies bedeutet auch, dass eine prozentuale Erhöhung aller Inputs zu einem Anstieg der Produktion um 0,775 Prozent führt.

Bei den Hülsenfrüchten (Tabelle 8) zeigt das Ergebnis, dass die lineare Funktionsform den höchsten Bestimmungskoeffizienten (R^2) von 0,653 aufweist, was bedeutet, dass Betriebsgröße, Arbeit, Saatgut, Pestizide und Düngemittel zu 65,3 Prozent der Produktionsschwankungen bei Hülsenfrüchten beitragen. Tabelle 8 zeigt, dass Arbeit, Saatgut, Pestizide und Düngemittel die Inputs waren, die den Leguminosen-Output signifikant beeinflussten. Insbesondere wurde festgestellt, dass Arbeit, Pestizide und Düngemittel den Leguminosen-Output mit einer Wahrscheinlichkeit von 5 Prozent positiv und signifikant beeinflussen. Dies bedeutet, dass eine Erhöhung von Arbeit und Dünger um eine Einheit auch die Produktion von Hülsenfrüchten um den Wert ihrer jeweiligen Koeffizienten erhöht, und dieses Ergebnis entspricht der a priori-Erwartung. Dies kommt den Forschungsergebnissen von Umeh und Atarborth (2011) nahe, die feststellten, dass die Verwendung von Saatgut durch nigerianische Landwirte mit einer Wahrscheinlichkeit von 5 Prozent signifikant ist. Im Gegensatz dazu war der Koeffizient für Pestizide negativ und auf dem 5-Prozent-Niveau der Wahrscheinlichkeit signifikant. Dies bedeutet, dass eine Erhöhung des Pestizideinsatzes um eine Einheit die Leguminosenproduktion um den Wert des Koeffizienten reduziert. Dieses Ergebnis steht im Gegensatz zu der a priori Erwartung. Dieses Ergebnis stimmt mit den Ergebnissen von Ahmadu und Erhabor (2012) überein, die feststellten, dass der geschätzte Koeffizient für Düngemittel für Leguminosenbauern im nigerianischen Bundesstaat Taraba negativ war. Die geschätzten Koeffizienten für die Betriebsgröße und das Saatgut waren jedoch nicht signifikant.

Der F-Wert von 33,151 war bei 5 Prozent signifikant, was bedeutet, dass Betriebsgröße, Arbeitskräfte, Saatgut, Pestizide und Düngemittel einen signifikanten Einfluss auf die Produktion von Leguminosen haben. Daher wird die Hypothese verworfen, die besagt, dass es keine signifikante Auswirkung zwischen dem Einsatz von Betriebsmitteln und der Produktion von Leguminosen gibt.

TABELLE 7: REGRESSIONSSCHÄTZUNGEN DER INPUT-OUTPUT-BEZIEHUNG FÜR GETREIDE IM BUNDESSTAAT NASARAWA

Variablen	Linear	Exponential	**Doppellog+**	Semi-log
Konstante	6.602	1207.949	7.043	802.623
	(3.602)	(32.114)*	(20.615)*	(3.184)
Arbeit	0.578	0.534	0.515	0.563
	(6.868)	(6.318)	(6.220)*	(6.664)*
Menge des Saatguts	-0.074	-0.088	-0.140	-0.115
	(0.903)	(1.068)	(1.730)	(1.385)
Menge	-0.229	-0.171	-0.083	0.305
Pestizid	(2.711)*	(2.016)**	(0.928)	(3.491)*
Menge	0.243	0.320	0.395	0.305
Düngemittel	(2.907)*	(3.814)*	(4.615)	(3.305)*
Größe des Betriebs	0.149	0.117	0.088	0.130
	(1.744)	(1.365)	(1.014)	(1.463)
R^2	0.558	0.555	0.562	0.544
Angepasstes R^2	0.528	0.525	0.533	0.513
F	(18.684)*	(18.482)*	(19.018)*	(17.623)*

Quelle: Feldstudie Ergebnis, 2016. * signifikant bei 1%, ** signifikant bei 5%

+ Führungsgleichung (funktionale Form)

Tabelle 8: **REGRESSIONSSCHÄTZUNGEN DER INPUT-OUTPUT-RELATION FÜR LEGUMEN IM STAAT NASARAWA**

Variablen	Linear+	Exponential	Doppellog	Semi-log
Konstante	943.870	1558.96	7.08	606.274
	(4.473)	(25.068)*	(5.004))*	(33.195)
Arbeit	0.615	0.524	0.551	0.549
	(8.446)*	(7.265)*	(7.661)*	(7.231)
Größe des	0.220	0.024	-0.003	0.058

Betriebs				
	(0.347)	(0.364)	(0.045)	(0.880)
Menge	-0.187	-0.082	-0.168	-0.132
Pestizid	(2.795)*	(1.047)	(2.152)**	(1.901)
Menge	0.215	0.350	0.252	0.311
Düngemittel	(3.103)*	(4.761)*	(3.444)*	(4.310)*
Menge Saatgut	-0.067	-0.155	-0.167	-0.066
	(0.947)	(1.960)**	(2.118)**	(0.898)
R^2	0.653	0.620	0.622	0.602
Angepasstes R^2	0.634	0.598	0.601	0.624
F	(33.151)*	(28.681)*	(29.017)*	(29.181)*

Quelle: Feldstudie Ergebnis, 2016. * signifikant bei 1%, ** signifikant bei 5%

+ Führungsgleichung (funktionale Form)

4.4 Regressionsanalyse der sozioökonomischen Faktoren, die das Einkommen von Getreide und Hülsenfrüchten im Untersuchungsgebiet beeinflussen

Mit Hilfe der Regressionsanalyse wurde die signifikante Beziehung zwischen ausgewählten sozioökonomischen Faktoren, die das Einkommen der Landwirte beeinflussen, analysiert; die Schätzungen sind in den Tabellen 9 und 10 dargestellt. Vier Funktionsformen wurden an die Daten angepasst: linear, halblogarithmisch, doppeltlogarithmisch und exponentiell. Die lineare Funktionsform wurde aufgrund des höchsten Bestimmtheitsmaßes, des F-Quotienten, der Anzahl der signifikanten Variablen, des Vorzeichens der Koeffizienten und der A-priori-Erwartung als Leitgleichung gewählt. Die Ergebnisse in Tabelle 9 zeigen, dass der R^2 (Bestimmungskoeffizient) 0,427 beträgt, was darauf hinweist, dass 42,7 % der Variationen im Einkommen der Getreidebauern durch Variationen in den ausgewählten erklärenden Variablen erklärt werden, was darauf hindeutet, dass das Modell Einfluss auf die Veränderungen im Einkommen hat. Dies bedeutet, dass die ausgewählten erklärenden Variablen das Verhalten des Einkommens der Getreidebauern mit einem Konfidenzniveau von 42,7% erklären.

Die Ergebnisse zeigen außerdem, dass Alter, Produktion und Haushaltsgröße einen signifikanten und positiven Einfluss auf das Einkommen der Getreidebauern im Untersuchungsgebiet haben. Mit anderen Worten: Eine Erhöhung des Alters, der Produktion und der Haushaltsgröße um eine Einheit erhöht das Einkommen der Getreidebauern um den Wert der geschätzten Koeffizienten. Dies steht im Gegensatz zu der *a* priori-Erwartung, die besagt, dass ältere Landwirte weniger kommerziell und mehr subsistent orientiert sind. Sie sehen keine Notwendigkeit, Investitionen zu tätigen, die einen Kredit erfordern. Aus einer anderen Perspektive betrachtet bedeutet ein höheres Alter eine größere landwirtschaftliche Erfahrung und damit eine bessere Übernahme von Technologien und Innovationen und ein höheres Einkommen.Das Ergebnis zeigt auch, dass die Art der Bewirtschaftung und die Ausbildung keinen Einfluss auf das Einkommen der Getreidebauern hatten.

Tabelle 10 zeigt, dass das R2 (Bestimmtheitsmaß) 0,374 beträgt, was darauf hinweist, dass 37,4 % der Einkommensschwankungen der Landwirte aus Leguminosen durch die Schwankungen der ausgewählten erklärenden Variablen erklärt werden können, was darauf hindeutet, dass das Modell einen Einfluss auf die Einkommensschwankungen hat. Das R^2 (bereinigt) unterstützt die Behauptung ebenfalls mit einem Wert von 0,319 oder 31,9%. Dies bedeutet, dass die ausgewählten erklärenden Variablen das Verhalten des Einkommens der Landwirte von Hülsenfrüchten mit einem Vertrauensniveau von 31,9 % erklären.

Die Ergebnisse zeigen außerdem, dass Alter und Produktion einen signifikanten und positiven Einfluss auf das Einkommen der Leguminosenbauern im Untersuchungsgebiet haben. Mit anderen Worten, das Einkommen der Leguminosenbauern steigt mit dem Alter und der Produktion um den Wert ihrer Koeffizienten. Dies steht im Gegensatz zu der *a* priori-Erwartung, die besagt, dass ältere Landwirte weniger kommerziell und mehr subsistent orientiert sind. Sie sehen keine Notwendigkeit, Investitionen zu tätigen, die einen Kredit erfordern.

Das Ergebnis zeigt außerdem, dass die Produktion einen positiven und statistisch signifikanten Einfluss auf das Einkommen der Leguminosenbauern hat. Dies bedeutet, dass die Produktion der Landwirte ihr Einkommen beeinflusst. Dies stimmt mit der *a* priori-Erwartung überein. Daraus folgt, dass das Einkommen der Leguminosenbauern im Untersuchungsgebiet umso höher ist, je höher die Produktion ist.

Tabelle 9 : REGRESSION ERGEBNISSE DER SOZIOÖKONOMISCHEN MERKMALE AUF DAS EINKOMMEN (GETREIDE)

Variablen	Linear+	Exponential	Doppeltes Protokoll	Semi-log
Konstante	47988.879	11.10	7331	-47217.421
Alter	0.479	0.432	0.446	0.498
	(5.811)*	(4.959)*	(4.096)*	(4.812)*
Bildung	0.146	0.151	0.148	0.139
	(1.790)	(1.776)	(1.383)	(1.374)
Größe der Haushalte	0.188	0.194	-0.040	-0.024
	(2.160)**	(2.126)**	(0.375)	(0.232)
Ausgabe	0.191	0.177	0.016	0.178
	(2.186)**	(1.928)	(1.516)	(1.680)
Art der Bewirtschaftung	0.121	0.111	0.171	0.194
	(1.485)	(1.301)	(1.620)	(1.983)**
R^2	0.427	0.37	0.326	0.39
Angepasstes R^2	0.394	0.334	0.271	0.342
F	(13.096)*	(10.324)*	(5.986)*	(7.970)*

Quelle: Feldstudie Ergebnis, 2016. * signifikant bei 1%, ** signifikant bei 5%

+ Führungsgleichung (funktionale Form)

Tabelle 10 : **REGRESSIONSERGEBNISSE DER SOZIOÖKONOMISCHEN MERKMALE AUF DAS EINKOMMEN (HÜLSENFRÜCHTE)**

Variablen	Linear	Exponential	Doppeltes Protokoll	**Semi-log+**
Konstante	76522.522	11.348	7.914	-373454.852
	(7.448)*	(126.203)*	(7.843)*	(3.189)*
Alter	0.357	0.317	0.402	0.442
	(3.185)*	(2.710)*	(3.332)*	(3.805)*
Bildung	0.014	0.013	0.044	0.042
	(0.147)	(0.132)	(0.397)	(0.398)
Größe der Haushalte	0.029	0.032	-0.038	-0.043
	(0.296)	(0.308)	(0.347)	(0.359)
Ausgabe	0.306	0.285	0.245	0.254
	(2.680)*	(2.392)**	(2.019)**	(2.174)**
Art der Bewirtschaftung	0.100	0.910	0.119	0.120
	(1.017)	(0.885)	(1.065)	(1.121)
R^2	0.353	0.293	0.324	0.374
Angepasstes R^2	0.309	0.244	0.265	0.319
F	(7.961)*	(6.047)*	(5.464)*	(6.811)*

Quelle: Feldstudie Ergebnis, 2016. * signifikant bei 1%, ** signifikant bei 5%

+ Führungsgleichung (funktionale Form)

4.5 Einschränkungen für Kleinbauern im Getreide- und Leguminosenanbau im Untersuchungsgebiet

Tabelle 11 zeigt die Beschränkungen der Getreide- und Hülsenfrüchteproduktion im nigerianischen Bundesstaat Nassarawa, die von eins an aufsteigend nach Schweregrad geordnet sind.

Die Ergebnisse zeigten, dass das größte Problem für die Landwirte der Zugang zu verbessertem Saatgut war. Es machte 85,1 Prozent der Landwirte aus und rangierte auf Platz 1st . Die Landwirte sind arm und daher gezwungen, Saatgut mit offenem Phänotyp zu verwenden, das aus der Vorjahresernte stammt. Produktivitäts- und Effizienzsteigerungen sind daher in weiter Ferne.

Landbesitz wurde ebenfalls als eines der Haupthindernisse für den Getreide- und Hülsenfruchtanbau im Untersuchungsgebiet identifiziert und stand auf Platz 2nd . Landbesitz ist für eine Vielzahl von Fragen von zentraler Bedeutung. Es ist das wichtigste Mittel zur Bestreitung des Lebensunterhalts und der wichtigste Vektor für die Anhäufung von Wohlstand, der auf die nächste Generation übertragen werden kann. Der Zugang zu Land ist daher ein Eckpfeiler der Armutsbekämpfung.

Das Ergebnis zeigte, dass eine große Mehrheit der Landwirte auch mit dem Problem der hohen Kosten für Düngemittel und Agrochemikalien (77,6 Prozent) konfrontiert ist (Rang 3rd). Dies kann darauf zurückzuführen sein, dass Düngemittel, Pestizide, Herbizide und andere Agrochemikalien, die für die landwirtschaftliche Produktion verwendet werden, importiert werden und daher höhere Kosten verursachen.

Der Mangel an Beratungsbesuchen und Agenten (70,7 Prozent) ist ein weiteres Hindernis im Getreide- und Hülsenfrüchteanbau und wurde auf Platz 4th eingestuft. Der niedrige Prozentsatz könnte auf die neue Ausrichtung der Agrarpolitik der Regierung zurückzuführen sein, die normalerweise geschultes Personal in ländliche Gebiete entsendet, um mit den Landwirten zu arbeiten.

Das Ergebnis zeigte auch, dass der begrenzte Zugang zu Krediten (64,9 Prozent) ein weiteres Hindernis für die Getreide- und Hülsenfrüchteproduktion war und auf Platz 5 rangierteth . Dies kann darauf zurückzuführen sein, dass die Kleinbauern im Untersuchungsgebiet keine Sicherheiten haben.

Schlechte Vermarktungssysteme (57,5 Prozent) waren ein weiteres Problem, mit dem die Landwirte konfrontiert waren, und belegten Platz 6th . Dies könnte auf fehlende gesetzliche Regelungen zurückzuführen sein, die es Zwischenhändlern ermöglichen, die Landwirte zu übervorteilen.

Insekten- und Krankheitsbefall (52,3 Prozent) war ein weiteres Problem, mit dem die Landwirte konfrontiert waren, und belegte Platz 7th . Krankheiten sind wichtige natürliche Faktoren, die die

Produktion von Getreide und Hülsenfrüchten in mehreren Fällen einschränken und nach Sight und Ahmad (1997); Odoemenem und Inakwu, (2011) 100 Prozent der Verluste ausmachen können.

Das Ergebnis zeigte auch, dass schlechte Lagermöglichkeiten (45,9 Prozent) ein weiterer Faktor sind, der die Produktion von Getreide und Hülsenfrüchten in kleinem Maßstab behindert (Rang 8th). Dies kann darauf zurückzuführen sein, dass die meisten Landwirte ihre Produkte in ihren Häusern aufbewahren.

Tabelle 11: SCHWIERIGKEITEN DER GETREIDE- UND HÜLSENPRODUKTION

Variabel	Frequenz	Prozentsatz	Rang
Saatgutsorte	148	85.1	1
Landbesitzsystem	136	78.2	2
Kosten der Vorleistungen	135	77.6	3
Fehlender Beratungsbesuch	123	70.7	4
Mangel an Krediten	113	64.9	5
Schlechtes Marketing-System	100	57.5	6
Probleme mit Schädlingen/Krankheiten	91	52.3	7
Schlechte Lagerungsmöglichkeiten	79	45.9	8

Quelle: Daten der Feldumfrage, 2016*Mehrere Antworten erfasst

N.B. Die Analyse umfasste mehrere Antworten

4.6 Test der Hypothese

4.6.1 ANOVA-Test auf signifikante Unterschiede zwischen den Gruppen beim Einkommen aus Getreide und Hülsenfrüchten und innerhalb der Gruppe der Landwirte

Tabelle 12 zeigt, dass der F-Wert (1,17) mit einer Wahrscheinlichkeit von 5 % signifikant für den signifikanten Unterschied im Einkommen zwischen den Gruppen ist. Daher wird die Nullhypothese

4, die besagt, dass es keinen signifikanten Einkommensunterschied zwischen den Gruppen gibt, abgelehnt.

Tabelle 12 zeigt auch, dass der F-Wert (1,324) für den Einkommensunterschied innerhalb der Gruppe der Landwirte nicht signifikant ist, so dass die Nullhypothese 4, die besagt, dass es keinen signifikanten Einkommensunterschied zwischen den Gruppen von Landwirten gibt, akzeptiert wird.

Tabelle 12 : ANOVA FÜR EINKOMMENSUNTERSCHIEDE INNERHALB DER GRUPPE UND ZWISCHEN DEN KULTURGRUPPEN

	Summe der Quadrate	Df	F	Sig.	Entscheidungsregel
Zwischen den Gruppen	175.272	117	1.717	0.013	Ablehnen H_o
Innerhalb der Gruppe	48.000	55	1.324	0.233	Akzeptieren H_o
Insgesamt	223.272	172			

Quelle: Feldstudie Ergebnis, 2016.

4.6.2 Ergebnis des T-Tests

Das Ergebnis des t-Tests für das Einkommen aus Getreide und Hülsenfrüchten ist in Tabelle 13 dargestellt. Das Ergebnis zeigt, dass sich das Einkommen aus Getreide nicht signifikant von dem aus Hülsenfrüchten unterscheidet. Daher wird die Nullhypothese 3, die besagt, dass es keinen signifikanten Unterschied zwischen den Einkommen von Getreide- und Hülsenfruchtbetrieben gibt, akzeptiert.

Tabelle 13: TEST DER UNTERSCHIEDE BEI DER ERZEUGUNG VON GETREIDE UND LEGUMEN

	T	Df	Sig (2-tailed)	Entscheidungsregel
Gleiche Varianz angenommen	-1.280	77	0.204	Akzeptieren H_0
Gleiche Varianz nicht vorausgesetzt	-1.273	15.090	0.207	

Quelle: Feldstudie Ergebnis, 2016.

KAPITEL 5. SCHLUSSFOLGERUNG UND EMPFEHLUNGEN

5.1 Schlussfolgerung

Diese Studie wurde durchgeführt, um das Einkommen aus der Getreide- und Hülsenfrüchteproduktion im nigerianischen Bundesstaat Nassarawa zu analysieren und zu vergleichen. Die Mehrheit der befragten Landwirte war verheiratet und befand sich in der produktiven Altersgruppe zwischen 20 und 40 Jahren, was darauf hindeutet, dass Familienarbeit vorhanden ist. Sowohl der Getreide- als auch der Hülsenfruchtanbau im Untersuchungsgebiet sind rentabel und die Landwirte sind betriebswirtschaftlich effizient. Sozioökonomische Faktoren beeinflussen das Einkommen der Landwirte erheblich. Es gibt keine signifikanten Unterschiede zwischen den Einkommen innerhalb und zwischen den verschiedenen Anbaugruppen. Die Betriebsmittel (Betriebsgröße, Arbeitskräfte, Saatgut, Pestizide und Düngemittel) haben einen signifikanten Einfluss auf die Getreide- und Hülsenfrüchteproduktion im nigerianischen Bundesstaat Nasarawa. Das Fehlen verbesserter Saatgutsorten, hohe Kosten für Düngemittel und Pestizide, fehlende Landbesitzverhältnisse, der Mangel an Beratern, der eingeschränkte Zugang zu Krediten, ein schlechtes Vermarktungssystem, schlechte Lagermöglichkeiten und das Problem von Insekten- und Krankheitsbefall sind die Hindernisse für die Getreide- und Hülsenfrüchteproduktion in Nasarawa State, Nigeria.

5.2 Empfehlungen

Auf der Grundlage der erzielten Ergebnisse und der obigen Schlussfolgerung wurden folgende Empfehlungen ausgesprochen:

1. Da die Studie ergab, dass die Landwirte nur über ein relativ geringes Bildungsniveau verfügen, ist eine wirksame Aus- und Weiterbildung erforderlich, um die Kapazitäten der Landwirte aufzubauen und zu stärken. Dies wird die Landwirte und die Menschen in der Region in die Lage versetzen, proaktiv auf Innovationen in der pflanzlichen Produktion zu reagieren und die wissenschaftlichen Prinzipien zu verstehen, die bei ihren Aktivitäten zum Tragen kommen, und sie zu besseren

Anpassungsstrategien an den Wandel der Zeit anregen. Daher sollten staatliche und nichtstaatliche Organisationen wirksame Alphabetisierungsprogramme und -maßnahmen für Erwachsene in diesem Gebiet entwickeln, die die Landwirte dazu ermutigen, ihr Bildungsniveau zu verbessern.

2. Leicht verfügbare landwirtschaftliche Betriebsmittel (anorganische Düngemittel, verbessertes Saatgut und Chemikalien) und Subventionen sollten verankert werden. Kreditfazilitäten, Beratungsdienste und angemessene Marktsysteme sollten den Landwirten zur Verfügung gestellt werden. Es wurde festgestellt, dass die Kreditvergabe an Landwirte unzureichend ist. Die Bereitstellung angemessener Kredite für die Landwirte ist daher zwingend erforderlich. Dies wird dazu beitragen, die Produktion der Landwirte zu steigern. Ein höherer Ertrag führt zu einem höheren Einkommen und zu höheren Kapitalinvestitionen im Agrarsektor.

3. Die Regierung sollte die Landwirte auch ermutigen, die landwirtschaftlichen Infrastruktureinrichtungen zu verbessern, da dies als eine der größten Herausforderungen für die Kleinbauern bei der Verbesserung der landwirtschaftlichen Produktion im Bundesstaat Nasarawa erkannt worden ist.

4. In Anerkennung des entscheidenden Beitrags von Körnerleguminosen und Getreide zur Ernährungssicherheit und zum Einkommen von vielen Millionen Nigerianern, zur Armutsbekämpfung und zur wirtschaftlichen Entwicklung sowie der wachsenden Möglichkeiten einer erweiterten Leguminosenproduktion sollten bewusste und gezielte Anstrengungen unternommen werden, um die Leguminosen- und Getreideproduktion nicht nur im Bundesstaat Nasarawa, sondern in ganz Nigeria zu fördern. Die Fokussierung auf Wurzeln und Knollen ist eine schlechte Strategie, um die langfristige Ernährungssicherheit der Nigerianer zu gewährleisten, da sowohl Energie (Kohlenhydrate) als auch Aufbauprodukte (Proteine) benötigt werden, um ein Volk gut zu ernähren und die Ernährung zu sichern. Die Ernährungssicherheit sollte auch ernährungsphysiologische Merkmale umfassen, bei denen Zusatznahrungsmittel wie hochwertiges Eiweiß aus Hülsenfrüchten eine Rolle spielen.

5. Obwohl die nigerianische Landwirtschaft ihre Produktion durch technologische Verbesserungen drastisch steigern konnte, haben die verfügbaren Daten gezeigt, dass die Gesamtzahl der unterernährten, hungernden Menschen ebenfalls gestiegen ist. Daher müssen aggressive Programme zur Förderung der Produktion von Körnerleguminosen aufgelegt werden, die sehr wichtige eiweißhaltige Nahrungsmittel sind, um Unterernährung zu bekämpfen und Getreidekörner zu ergänzen, um die Ernährungssicherheit zu erreichen.

6. Die Bundesregierung hat in den letzten zehn Jahren versucht, die Geschicke des Agrarsektors zu lenken. Dennoch sind wir der Meinung, dass das produktive Potenzial des Sektors bei weitem nicht ausgeschöpft ist, da immer noch Millionen von Nigerianern unterernährt sind und sich nicht ausreichend ernähren können. Daher ist es sowohl für das nationale Überleben als auch für die Wirtschaft unerlässlich, Strategien zu entwickeln, um die Produktion von Körnerleguminosen und Getreide anzukurbeln und aufrechtzuerhalten, um den gegenwärtigen und zukünftigen Bedarf im Inland und in der Industrie sowie für den Export zu decken.

7. Die Agrarforschungssysteme müssen inhaltlich neu ausgerichtet werden, damit sie den besonderen Bedürfnissen der Kleinbauern im Bereich Getreide und Leguminosen und den neuen Herausforderungen in der Landwirtschaft besser gerecht werden. Hierfür sind auf Hülsenfrüchte und Getreide spezialisierte Forschungsinstitute erforderlich. In solchen Instituten werden die Forscher der technologischen Entwicklung und Übernahme mehr Aufmerksamkeit widmen als in der Vergangenheit. Darüber hinaus sollte die Leguminosenforschung und ihre Verbreitung bei den verschiedenen Interessengruppen angemessen finanziert werden. Die biotechnologische Forschung breitet sich in der ganzen Welt aus. Nigeria sollte nicht zurückbleiben und seine Ressourcen in der biotechnologischen Forschung einsetzen, um verbessertes Leguminosensaatgut zu erzeugen, das lokal für hohe Produktivität, frühe Reife und Krankheitsresistenz geeignet ist.

5.3 Anregung für weitere Studien

Eine Studie über die Effizienz der Getreide- und Hülsenfruchtproduktion sollte durchgeführt werden, um die Erkenntnisse über die Einkommensungleichheit zwischen den beiden Kulturen sowie die Auswirkungen der Regierungspolitik auf die Effizienz der Getreide- und Hülsenfruchtbauern zu ergänzen, um einen besseren Einblick in die Ressourcennutzung und die Produktion zu erhalten.

Die Konzentration auf Wurzeln und Knollen macht sie zu einer schlechten Strategie, um die langfristige Ernährungssicherheit der Nigerianer zu gewährleisten, da sowohl Energie (Kohlenhydrate) als auch Aufbaustoffe (Proteine) benötigt werden, um ein Volk gut zu ernähren und seine Ernährung zu sichern. Die Ernährungssicherheit sollte auch ernährungsphysiologische Merkmale umfassen, bei denen Zusatznahrungsmittel wie hochwertiges Eiweiß aus Hülsenfrüchten eine Rolle spielen.

REFERENZEN

Abbat, J. C. und Makehan, J. P. (1992). Agricultural Economics and Marketing in the Tropics. 2nd Ausgabe, Longman Group, UK Ltd, England. S. 102

Abu, G.A. (2007). Vergleichende Analyse der Ressourcennutzungseffizienz zwischen teilnehmenden und nicht teilnehmenden Landwirten im Sonderkulturprogramm im Bundesstaat Benue, Dissertation eingereicht am Department of Agricultural Economics and Rural Sociology, Faculty of Agriculture, Ahmadu Bello University, Zaria, Nigeria. 33-34 Seiten

Abu, G.A., Ater, P.I. und Abah, D. (2012). Gewinneffizienz bei Sesambauern in Nasarawa State, Nigeria. *Current Research Journal of Social Sciences 4(4):* 261-268

Adebayo, C. O., Akogwu, G. O. und Yisa, E. S. (2012). Determinanten der Einkommensdiversifizierung

Unter landwirtschaftlichen Haushalten im Bundesstaat Kaduna: Anwendung des Tobit-Regressionsmodells. *Zeitschrift für landwirtschaftliche Produktion und Technologie.* Vol8 *(2): 1-10*

Ahmadu, J. und Erhabor, P. O. (2012). Determinants of Technical Efficiency of Rice Farmers in Taraba State, Nigeria. *Nigerian Journal of Agriculture, Food andEnvironment.8(3):78-84*

Ajibefun, I.A. (2000). Die Verwendung ökonometrischer Modelle in der Analyse der technischen Effizienz. An Application to the Nigerian Small Scale Farmers. Jahreskonferenz 2000 über Verkehrsstatistik und nationale Entwicklung, abgehalten im Lagos Airport Hotel, Ikeja, Lagos, 29. November, veröffentlicht von der Nigerian Statistical Association. Programm und Zusammenfassung der Konferenzbeiträge.

Ajibefun, I.A. (2002). Analysis of Policy Issues in Technical Efficiency of Small Scale Farmers Using the Stochastic Frontier Production Function: With Application to Nigerian Farmers. Vorbereitetes Papier für die Präsentation auf dem Kongress der International Farm Management Association, Wageningen, Niederlande, Juli 2002

Ajibefun, I.A. und Daramola, A.G. (2003). Determinanten der technischen und allokativen Effizienz von Kleinstunternehmen: Beweise auf Firmenebene aus Nigeria. *Afrikanische Entwicklungsbank,* S. 353-395.

Akaamaa W. W., Onoja S. B. und Nwakonobi T. U. (2014). Assement of Hydrogeological Formation of Obi Local Government Area of Nasarawa State for bore-hole Siting. 10 (2):168-185; ISSN: 07945213.

Akinwunmi, J.A. (1999). Mobilisierung von Kleinsparern durch genossenschaftliche Spar- und Kreditvereinigungen. In mobilising Savings Among Non - Traditional Users of the Banking Industry in Nigeria.V.OAkinyosoye (Ed) Ibadan University Press, Ibadan. S. 6-11.

Ani, D.P. (2010). Produktive Effizienz von Landwirten in Benue, die Nahrungsleguminosen als Bodenverbesserungsmittel einsetzen. Masterarbeit eingereicht in der Abteilung für Agrarökonomie, College of Agricultural Economics and Extension. Universität für Landwirtschaft, Makurdi.

Asheim, G.B. (1994), "Net National Product as an Indicator of Sustainability", *Scandanvian Journal of Economics,96,* 257-265.

Ater, P.I. (2003). Eine vergleichende Analyse des Produktivitätsverhaltens und der Armutsbekämpfung bei Begünstigten und Nicht-Begünstigten der von der Weltbank unterstützten Trockenzeit-Fadama-Unternehmen im Bundesstaat Benue in Nigeria. Unveröffentlichte Dissertation. Makurdi: Bundesuniversität für Landwirtschaft.

Babatunde, R. O. (2008). Einkommensungleichheit in ländlichen Gebieten Nigerias: Evidence from Farming Households Survey Data. *Australian Journal of Basic and Applied Sciences, 2*(1): 134140.

Baruwa, O.I. (2013). Rentabilität und Beschränkungen der Ananasproduktion im Bundesstaat Osun, Nigeria. *Journal of Horticultural Research.* 21(2):59-64.

Bime, M.J., Fouda, T.M., und Mai-Bong, J.T. (2014). Analyse der Rentabilität und der Vermarktungskanäle von Reis: A Case Study of Menchum River Valley, North-West Region, Cameroon. *Asian Journal of Agriculture and Rural Development, 4*(6): 352-360.

Chirwa, E. W. (2005). Makroökonomische Politiken und Armut in Malawi: Can We Infer from Panel Data. Forschungsbericht. NW Washington D.C.: Global Development Network (GDD).

Djomo, C.R.F. (2014). Analysis of Technical Efficiency and Profitability in Small Scale Reis Production in the West Region of Cameroon. Masterarbeit, eingereicht bei der Abteilung für Agrarökonomie. Universität für Landwirtschaft, Makurdi-Benue State, Nigeria.

Douglas, M. (1973). "Über die Untersuchung alternativer Regressionen durch Hauptkomponentenanalyse". *Zeitschrift der Königlichen Statistischen Gesellschaft, Reihe C22* (3): 275-286.

Effiong, E.O (2005). Effizienz der Produktion in ausgewählten Viehzuchtbetrieben in Akwa Ibom

Staat, Nigeria. Eine Dissertation, Abteilung für Agrarwirtschaft, Michael Okpara University of Agriculture, Umudike, Nigeria.

Ekunwe, P.A., Orewa, S.I. und Emokaro, C.O. (2008) Ressourceneffizienz bei der Yamsproduktion in den Bundesstaaten Delta und Kogi, Nigeria. *Asian Journal of Agricultural Research.* 2008;2(2):61-69.

Eisner, R. (1988), "Extended Accounts for National Income and Product", *Journal of Economic Literature,* 26(4), 1611-1684.

Ellis, F. (2000). The Determinants of Rural Livelihood Diversification in Developing Countries. *Zeitschrift für Agrarökonomie.* 51(2):289-302.

Ernährungs- und Landwirtschaftsorganisation (FAO) (1998). Der Stand von Ernährung und Landwirtschaft, 1998. Ernährungs- und Landwirtschaftsorganisation der Vereinten Nationen, Rom.

Freedman, D.A. (2009). Statistische Modelle: Theorie und Praxis. Cambridge University Press. P26

Heinrichs, E.A. und Barrian. A.T. (2004). Reisfressende Insekten und ausgewählte natürliche Feinde in Westafrika: Biology, Ecology, and Identification. Los Bamos, Philippinen.144pp

Hicks, J.R. (1939), Value and Capital; An Inquiry into Some Fundamental Principles of Economic Theory (Oxford University Press).

Ibekwe, U.C. (2010). Determinants of income among farm households in Orlu Agricultural Zone of Imo State, *Nigeria Journal of Report and Opinion, vol 2*(8): 32-35.

Ibekwe, U.C.,Eze, C.C.,Onyemauwa, C.S.,Henri-Ukoha,A.,Korie O.C. undNwaiwuI.U. (2010). Determinanten des landwirtschaftlichen und außerlandwirtschaftlichen Einkommens in landwirtschaftlichen Haushalten im Südosten Nigerias. *Academia Arena, vol 2*(10): 58-61.

Internationales Institut für tropische Landwirtschaft (2007). Jahresberichte. www.iita.org. Zugriff am 7/09/2016

Internationales Institut für tropische Landwirtschaft (2011). Jahresberichte. www.iita.org. Zugriff am 7/09/2016

Johnson, D.T. (1990). The Business of Farming: A guide to Farm Business Management in the Tropics 2nd edition, Publishers Macmillan education Ltd, London and basing Stoke. P.43.

Kiritani, K. (1979). Schädlingsbekämpfung im Reisanbau. *Annual Review. Entomophaga. 8*(4):279 312.

Kerlinger, F.N. (1973). Foundation of Behavioural Research. New York. Holt. Rinehand and Hinston.

Li, Y.L. (1982). Integrierte Reisinsekten- und Schädlingsbekämpfung in der Provinz Guangdong, China. Entomophaga. 27: pp. 81-88.

Lanjouw, P. (1999). Ländliche nicht-landwirtschaftliche Beschäftigung und Armut in Ecuador.

Wirtschaftliche Entwicklung und kultureller Wandel 48(1):91-122.

Luka, E. G. und Yahaya, H. (2012). Quellen des Bewusstseins und der Wahrnehmung der Auswirkungen des Klimawandels bei Sesamproduzenten in der südlichen landwirtschaftlichen Zone des Staates Nasarawa, Nigeria. *Journal of Agricultural Extension, 16 (2):* 134-143.

Maddison, D. (2006). Die Wahrnehmung einer Anpassung an den Klimawandel in Afrika. CEEPA-Diskussionspapier Nr. 10, CEEPA, Universität von Pretoria, Südafrika.

Mafimisebi, T.E., Okunmadewa, F.Y., &Oluwatosin,F.M.(2004). Risikomanagement und Verwaltung in landwirtschaftlichen Betrieben durch das Nigeria Agricultural Insurance Scheme in Oyo State, Nigeria. *The Ogun Journal of Agricultural Science;* 3(1): 26 - 44.

Maliwichi, L.L. Pfumayaramba, T.K. und KatlegoT. (2014). An Analysis of Constraints That Affect Smallholder Farmers in the Production of Tomatoes in Ga-Mphahlele, Lepelle Nkumbi Municipality, Limpopo Province, South Africa. *Zeitschrift für Humanwissenschaften und Ökologie, 47(3):* 269-274.

Mwabu, G. und Torbecke, E. (2001). Ländliche Entwicklung, Wirtschaftswachstum und Armutsbekämpfung in Afrika südlich der Sahara. Paper presented at the AERC, Biannual research workshop, 1-6 December, Nairobi. PP. 1-34.

Regierung des Bundesstaates Nasarawa (2006). Ministerium für Information. Lafia Jahresbericht.

Nasarawa Agricultural Development Programme (NADP) (2010). Zweitausendundsechs Erweiterung

Norman, D.Y. (1975). Ökonomische Analyse der landwirtschaftlichen Produktion und des Einsatzes von Arbeitskräften bei den Hausa im Norden Nigerias. *Afrika Ländliche Beschäftigung*, 4:5-8.

Obike, K., Chukwuemeka, U., Orji O., und Ezeh, C. I. (2011). Die Determinanten des Einkommens armer landwirtschaftlicher Haushalte des National Directorate of Employment (Nde) in Abia State, Nigeria. *Journal of Sustainable Development in Africa Vol 13(3):* 176-182.

Odoemenem, I.U und Inakwu, J.A. (2011). Wirtschaftliche Analyse der Reiserzeugung in Cross River State, Nigeria. *Journal of Development and Agricultural Economics, Vol.3(9):469-474.*

Ogungbile, A.O., Tabo, R. und Rahman, S.A. (2003) Faktoren, die sich auf die Akzeptanz der Sorghum-Sorten ICSV 111 und ICSV 400 in der Guinea- und Sudan-Savanne Nigerias auswirken. *Pflanzenwissenschaftler.* 2002;3:21-32.

Olayide, S.O. und Heady, E.O. (1982). Einführung in die landwirtschaftliche Produktionswirtschaft. Ibadan University Press, Nigeria. S. 154-173.

Olatona, M.O. (2007). Landwirtschaftliche Produktion und Einkommen der Landwirte im Distrikt Afon Unveröffentlichtes B.sc-Projekt, Abteilung für Geographie, Universität Ilorin. *Zeitschrift für Wirtschaftswissenschaften, Band 8* (12):32-3

Olawepo, R.A. (2010). Bestimmung des Einkommens der Landwirte: A Rural Nigeria Experience. Zeitschrift für Afrikastudien und Entwicklung Vol. 2 (2): 15-26

Olayemi, J.K. (2001) "A Survey of Approaches To Poverty Alleviation. A Paper Presented at NCEMA National Workshop on Integration of Poverty Alleviation Strategies into Plans and Programmes in Nigeria, Ibadan.

Olukosi, J.O. und Ogungbile, A.O. (1982). Einführung in die landwirtschaftliche Produktionswirtschaft: Principles and Application. Agitab Publication Ltd, Samaru- Zaria. S.9.

Olukosi, J.O. und Ogungbile, A.O. (1982). Einführung in die landwirtschaftliche Produktionswirtschaft: Principles and Application. Agitab Publication Ltd, Samaru- Zaria. S.9.

Olukosi, J.O. und Erhdor, P.O. (1989). Einführung in die Betriebswirtschaftslehre. Agitab Publishers, Samaru-Zaria, P.O. BOX 561. pp.77-83.

Oniah, M.O. Kuye, O.O., und Idiong, I.C. (2008). Effizienz der Ressourcennutzung im kleinbäuerlichen Sumpfreisanbau in Obubura Local Government Area in Cross River State, Nigeria *Journal of Scientific Research 5(3): 145-148*

Ovharhe, J.O, Okoedo-Okojie, D.U (2011). Bewertung der landwirtschaftlichen Informationskommunikation unter Schweinezüchtern im Bundesstaat Delta, Nigeria. *In:* Erhabor PO, Ada- Okungbowa CI, Emokaro CO, Abiola MO (eds). From Farm to Table: Whither Nigeria. Proceedings of the 12th Annual National Conference of National Association of Agricultural Economists (NAAE). 518-523.

Owor, A.A. (2011). Wirtschaftliche Analyse der Sojaproduktion im Bundesstaat Benue. Masterarbeit, eingereicht bei der Abteilung für Agrarwirtschaft. College of Agricultural Economics and Extension. Universität für Landwirtschaft, Makurdi.

Parvin, M.T. und Akteruzzaman, M. (2012).Factors affecting farm and non-farm income of *hao rinhabitants* of Bangladesh. *Progress. Agric. 23*(1 & 2): 143 - 150.

Penda, S.T. und Asogwa, B.C. (2011). Effizienz und Einkommen der Landwirte in Nigeria. *Zeitschrift für Landwirtschaft und Management (3): 173-179.*

Piebeb, G. (2008). Bewertung der Zwänge und Möglichkeiten für eine nachhaltige Reiserzeugung in Kamerun. *Research Journal of Agriculture and Biological Sciences. 4*(6): 734-744.

Raymond, P.P. (2004). Vom Schreibtisch des Herausgebers. Innovation zur langfristigen und dauerhaften Erhaltung und Verbesserung der landwirtschaftlichen Ressourcen, der Produktion und der Umweltqualität. *Zeitschrift für nachhaltige Landwirtschaft. Lebensmittelproduktion Presse 20* (4):19-23.

Sankhayan, P. (1988). Introduction to the Economics of Agricultural Production. Prentice-Hall of India Private Ltd New Delhi, S.87

Schrire, B.D., Lewis, G.P. & Lavin, M. (2005). Biogeographie der Hülsenfrüchtler. In Lewis, G., Schrire, B., Mackinder, B. & Lock, M. (eds.) (2005). Legumes of the World. Kew: Royal Botanic Gardens, Kew. 21 - 54.

Sharma, H.C., Sharma, K.K., und Ortiz, N.S.R. (2001). Genetische Transformation von Nutzpflanzen - Risiken und Chancen für die arme Landbevölkerung. *Aktuelle Wissenschaft 80* (12):1495-1508.

Singh, M.O. und Mowa, Y.A. (1997). Reisanbauumgebungen und biophysikalische Beschränkungen in verschiedenen agrarökologischen Zonen Nigerias. Met, I, 2(I): S. 35-44.

Tibshirani, R. (1996). "RegressionShrinkage and Selection via the Lasso". *Journal of the Royal Statistical Society, Serie B58* (1): 267-288

Umar, H. S., Okoye, C. U. und Agwale A. O. (2011) Productivity analysis of sesame production under organic and inorganic fertilizers applications in Doma Local Government Area, Nasarawa State, Nigeria. *Tropische und Subtropische Agrarökosysteme 14 (1):405-411.*

Umeh, J.C. und Ataborh, E.M. (2011). Efficiency of RiceFarmers in Nigeria: Potentials for Food Security and PovertyAllevation.IFMA 16 - Theme 3. pp. 1-13

Weitzman, M. (1976), "On the Welfare Significance of National Product in a Dynamic Economy", *Quarterly Journal of Economics,* 90, 156-162.

Weltbank (1993). Eine Strategie zur Entwicklung der Landwirtschaft in Afrika südlich der Sahara und ein Schwerpunkt für die Weltbank. *Technisches Papier der Weltbank Nr. 203.* Africa Technical Department Series. www.watermunde.tripod.com. Bewertet am 21. Juni 2014

Yusuf, O. (2005). Economics analysis of 'egusi' melon production in Okehi Local Government Area of Kogi State, unveröffentlichte Masterarbeit, Department of Agricultural Economics and Rural Sociology, Ahmadu Bello University, Zaria, Pp. 0-41.

FRAGEBOGEN, DER VON DEN BEFRAGTEN AUSZUFÜLLEN IST

Sehr geehrte(r) Befragte(r)

Dies ist eine akademische Untersuchung über den Einkommensvergleich der Getreide- und Hülsenfruchtproduktion im Nassarawa State, Nigeria. Sie wird in teilweiser Erfüllung des Master-Abschlusses in Agrarwirtschaft der University of Agriculture, Makurdi, durchgeführt. Als einer der Landwirte im Nassarawa State habe ich Sie als Befragten ausgewählt, dessen Optionen für diese Studie sehr wichtig sind. Die von Ihnen gemachten Angaben werden nur für akademische Zwecke verwendet und streng vertraulich behandelt. Bitte kreuzen Sie die für Sie zutreffende Option an bzw. füllen Sie die Lücken aus.

Vielen Dank im Voraus.

FORSCHUNGSFRAGEBOGEN

Thema: Einkommensvergleich von kleinbäuerlichen Getreide- und Hülsenfruchtbetrieben in Nasarawa State

Anweisungen: Bitte füllen Sie die leeren Felder aus und kreuzen Sie an, wo es angebracht ist. Alle Angaben werden vertraulich behandelt und für die Zwecke dieser Untersuchung sicher verwendet.

STANDORT (GEMEINDE) ....

DATUM DES INTERVIEWS ....

ENUMERATOR ....

ARTEN VON ANGEBAUTEN PFLANZEN ....

ABSCHNITT A: SOZIOÖKONOMISCHE MERKMALE

1. Geschlecht: Männlich ( ) Weiblich ( )

2. Alter (in Jahren) ....

3. Familienstand: Verheiratet ( ) Ledig ( ) Geschieden ( ) Verwitwet/Witwer ( )

4. Anzahl der Mitglieder des Haushalts ....

5. Wie viele Jahre haben Sie in der Schule verbracht? ....

6. Wie hoch ist Ihr durchschnittliches jährliches außerlandwirtschaftliches Einkommen? ....Naira

ABSCHNITT B: BETRIEBSFÜHRUNGSSYSTEME

7. Wie viele Jahre sind Sie schon in der Landwirtschaft tätig? ....

8. Wie groß ist Ihr Betrieb in Hektar? ....

9. Welche Art von Landwirtschaft betreiben Sie? Hauptberuflich ( ) Nebenberuflich ( )

10 (a). Wie haben Sie Ihr Land erworben? 1 - gekauft/geerbt ( ) 0 - sonst ( )

(b). Wenn gekauft, wie viel haben Sie es gekauft .... Naira

11. Führen Sie Aufzeichnungen? 1-Ja ( ) 0-Nein ( )

12. Welche Arten von Kulturpflanzen bauen Sie an? 0-Einheimische ( ) 1-verbessernde Sorten ( )

13. Woher beziehen Sie Ihre Arbeitskraft? Familie ( ) Angeheuert ( ) Beides ( )

14. (a) Wurden Sie von einem landwirtschaftlichen Berater besucht? a) ja, b) nein

(b). Wenn ja, wie oft wurden Sie in einem Jahr von einem landwirtschaftlichen Berater besucht?....

15. (a). Hatten Sie während der letzten Agrarsaison Zugang zu Krediten? Ja = 1, Nein = 0

(b). Wenn ja, wie viel haben Sie als Kredit erhalten? .... naira

ABSCHNITT C: INFORMATIONEN ÜBER KOSTEN UND ERTRÄGE

16. Wie viele Kilogramm haben Sie letztes Jahr umgesetzt? ....

17. Wie viele Kilogramm haben Sie im letzten Jahr konsumiert? ....

1 8.

Landwirtschaftlicher Betrieb	Anzahl der Tage	Anzahl der Arbeitskräfte	Kosten pro Einheit (Naira)	Gesamtkosten (Naira)
Landrodung				
Bepflanzung				
Unkraut jäten				
Ausbringung von Düngemitteln				
Anwendung von Herbiziden				
Ernten				
Transport				
Insgesamt				

19. **Bitte füllen Sie die folgende Tabelle aus**

Implementiert	Menge	Stückpreis (Naira)	Gesamtkosten (Naira)
Hacken			
Cutlass			
Korb			
Schubkarre			
Andere			

20. **Bitte füllen Sie die folgende Tabelle aus**

Ressourcen	Menge	Stückpreis (Naira)	Gesamtkosten (Naira)
Saatgut			
Herbizide			
Düngemittel			

21. Wie viel haben Sie pro Kilogramm verkauft? ....

22. Wie viel haben Sie für die Produktion ausgegeben? ....

23. Wie viel haben Sie mit der Produktion verdient? ....

ABSCHNITT D: PRODUKTIONSHEMMNISSE

24.

	Variablen	Ja	Nein
1	Mangel an Beratern vor Ort		
2	Kosten für Inputs		
3	Schädlings- und Krankheitsbefall		
4	Schlechte Lagerungsmöglichkeiten		
5	Schlechte Vermarktungssysteme		
6	Landbesitzsystem		
7	Begrenzter Zugang zu Krediten		
8	Mangel an verbesserten Saatgutsorten